高等职业教育扩招系列教材

畜禽环境控制技术

倪士明　主编

U0219201

中国农业大学出版社

·北京·

内 容 提 要

　　本教材为高等职业教育扩招系列教材,由多位教学与实践经验丰富的一线教师及行业专家共同编写完成。主要内容包括绪论、畜禽场规划设计、畜禽场设备设施、气象环境与畜禽、畜禽舍环境控制、畜禽场环境管理与污染控制、畜禽场环境保护与卫生监测等七个模块,每个模块包含若干个项目。本教材图文并茂,理论与实践并重,融教、学、做于一体,注重技术和工艺的新颖性和可行性,具有针对性和实用性,适用于高等职业畜牧兽医、动物医学、特种经济动物养殖等专业。

图书在版编目(CIP)数据

畜禽环境控制技术/倪士明主编. —北京:中国农业大学出版社,2020.12
ISBN 978-7-5655-2508-7

Ⅰ.①畜… Ⅱ.①倪… Ⅲ.①家畜卫生-环境卫生-高等职业教育-教材
Ⅳ.①S851.2

中国版本图书馆 CIP 数据核字(2020)第 272187 号

书　　名	畜禽环境控制技术		
作　　者	倪士明　主编		
策　　划	康昊婷　张　玉	**责任编辑**	杜　琴
封面设计	郑　川		
出版发行	中国农业大学出版社		
社　　址	北京市海淀区圆明园西路 2 号	**邮政编码**	100193
电　　话	发行部 010-62733489,1190	**读者服务部**	010-62732336
	编辑部 010-62732617,2618	**出　版　部**	010-62733440
网　　址	http://www.caupress.cn	**E-mail**	cbsszs@cau.edu.cn
经　　销	新华书店		
印　　刷	北京溢漾印刷有限公司		
版　　次	2021 年 11 月第 1 版　　2021 年 11 月第 1 次印刷		
规　　格	787×1092　16 开本　10.25 印张　255 千字		
定　　价	32.00 元		

图书如有质量问题本社发行部负责调换

编审人员

主　　编　倪士明（黑龙江农业职业技术学院）

副 主 编　解志峰（黑龙江农业职业技术学院）

　　　　　葛婧昕（黑龙江农业职业技术学院）

　　　　　李凤刚（黑龙江农业职业技术学院）

参编人员　（按姓氏拼音排序）

　　　　　车有权（黑龙江农业职业技术学院）

　　　　　陈腾山（黑龙江农业职业技术学院）

　　　　　高月林（黑龙江农业职业技术学院）

　　　　　康廷志（义县职业教育中心）

　　　　　刘　红（黑龙江农业职业技术学院）

　　　　　刘　云（黑龙江农业职业技术学院）

　　　　　刘洪杰（黑龙江农业职业技术学院）

　　　　　鲁兆宁（黑龙江农业职业技术学院）

　　　　　陆江宁（黑龙江农业职业技术学院）

　　　　　孙凡花（黑龙江农业职业技术学院）

　　　　　王　浩（黑龙江农业职业技术学院）

　　　　　王瑛琪（黑龙江农业职业技术学院）

　　　　　王兆淼（白城师范学院）

　　　　　邬立刚（黑龙江农业职业技术学院）

　　　　　杨名赫（黑龙江农业职业技术学院）

　　　　　岳增华（黑龙江农业职业技术学院）

　　　　　张佳韧（黑龙江农业职业技术学院）

主　　审　于　波（黑龙江农业职业技术学院）

总　序

　　黑龙江是农业大省。黑龙江农业职业技术学院是三江平原上唯一一所农业类高职院校，也是与区域社会经济发展联系非常紧密的农业类高职院校，具有服务国家"乡村振兴"战略的地缘优势。在过去70多年的办学历史中，涉农专业办学历史悠久，培养了大批工作在农业战线上的优秀人才。在长期培养实用人才、服务区域经济的实践中，学院形成了"大力发展农业职业教育不动摇、根植三江沃土不动摇和为'三农'服务不动摇"的办学理念。20世纪90年代初，学院在农业职业教育领域率先实施模块式教学，在全国农业职业教育教学改革中走在前列。学院不断深化改革，努力服务经济社会发展；不断创新办学模式，努力提升人才培养质量。近年来学院先后晋升为省级骨干院校、省级现代学徒制试点院校，在服务区域经济社会方面成效显著。

　　学院涉农专业是省级重点专业，有国家财政重点支持的实训基地。拥有黑龙江三江农牧职教集团，校企合作办学成效显著，有实践经验丰富的"双师"队伍，有省级领军人才梯队，师资力量雄厚。

　　2019年，学院深入贯彻落实《教育部等六部门关于印发〈高职扩招专项工作实施方案〉的通知》、教育部办公厅《关于做好扩招后高职教育教学管理工作的指导意见》和国务院关于印发《国家职业教育改革实施方案》等文件精神，创新性地完成高职扩招任务，招生人数位居全省首位。学院针对扩招学生的实际情况和特点，实施弹性学制，采用灵活多样的教学模式，积极推进"三教"改革。依靠农学分院和动物科技分院的专业优势，根据区域经济发展的特点，针对高职扩招生源的特点，出版了种植类和畜牧类高职扩招系列特色教材。

　　种植类专业核心课程系列教材包括《植物生长与环境》《配方施肥技术》《作物生产与管理》《经济作物生产与管理》《作物病虫草害防治》《作物病害防治》《农业害虫防治》《农田杂草及防除》共计8本，教材在内容方面，本着深浅适宜、实用够用的原则，突出科学性、实践性和针对性；在内容组织形式方面，以图文并茂为基础，附加实物照片等相应的信息化教学资源，突出教材的直观性、真实性、多样性和时代性，激发学生的学习兴趣。

　　畜牧类专业教材包括《动物病理》《动物药理》《动物微生物与免疫》《畜禽环境控制技术》《畜牧场经营与管理》《动物营养与饲料》《动物繁育技术》《动物临床诊疗技术》《畜禽疾病防治技术》《养禽与禽病防治》《养猪与猪病防治》《牛羊生产与疾病防治》《中兽医》《宠物内科》《宠物传染病与公共卫生》《宠物外科与产科》共计16本。教材注重还原畜禽生产实际，坚持以够用、实用及适用为原则，着力反映现代畜禽生产及疾病防控前沿的新技术新技能，突出解决寒地畜禽生产中的关键问题。

本系列教材内容紧贴企业生产实际,紧跟行业变化,理论联系实际,突出实用性、前沿性。教材语言阐述通俗易懂,理论适度由浅入深、技能训练注重实用,教材均由具有丰富实践经验的教师和企业一线工作人员编写。

本系列教材将素质教育、技能培养和创新实践有机地融为体。希望通过它的出版不仅很好地满足我院及兄弟院校相关专业的高职扩招教学需要,而且对北方种植业和畜牧业生产,以及专业建设、课程建设与改革,提高教学质量等起到积极推动作用。

院长:

前　言

　　为了更好地适应校企合作，符合高等职业教育扩招以及当代职业教育新模式的实际需求，结合当代畜牧业发展与产业结构性调整以及高职人才培养目标的现实需要，近年来，黑龙江农业职业技术学院与谷实农牧集团股份、铁力市金新农生态农牧有限公司、黑龙江亚欧牧业有限公司等企业联合，积极开展现代学徒制教育模式，积极探索"产教融合、校企合作、工学结合"的育人机制，积极开发畜牧兽医专业校企合作教材。《畜禽环境控制技术》属于其中之一，该教材适用于高等职业畜牧兽医、动物医学、特种经济动物养殖等专业。

　　本教材注重培养学生相关岗位必备的基本知识和基本技能，将畜禽环境、养殖场规划设计和养殖场的设施设备等相关知识和技能融于一体进行介绍，全面阐述了环境与畜禽的联系、环境对畜禽的影响、畜禽场的设置、畜禽场设备设施的分类和畜禽场环境保护等。主要内容包括绪论、畜禽场规划设计、畜禽场设备设施、气象环境与畜禽、畜禽舍环境控制、畜禽场环境管理与污染控制、畜禽场环境保护与卫生监测等七个模块。

　　本教材采用模块化的形式组织内容，每个模块包含若干个项目。每个项目由项目导入、知识储备、项目小结、学习思考四部分组成。本教材图文并茂，理论与实践并重，融教、学、做于一体，注重技术和工艺的新颖性和可行性，具有针对性和实用性。

　　本教材由倪士明担任主编。学院相关专业教师和相关行业企业的代表参与了本教材的编写和审核工作，由于人员较多，就不一一列举了，在此一并感谢。

　　本教材总结和借鉴了多本教材的方法和先进的理念，同时加入了个人教学与实践经验。但由于多位编者第一次尝试编写教材，经验不足，水平有限，教材中可能还存在疏漏或不当之处，恳请广大读者提出宝贵意见，以便再版时进一步改进。

编　者

二〇二〇年冬

目　录

绪　论

【绪论导入】

我国南北方气候特征差异很大,地理条件极其复杂。近年来,随着畜牧业规模化、集约化、工厂化生产程度的不断提高,畜禽也面临应激、疾病,以及药物、饲料添加剂等过度频繁使用的局面。如何优化环境管理,改善畜禽场环境,保证畜禽健康是畜禽环境控制面临的挑战,也是畜牧业可持续发展亟待解决的问题。畜禽环境控制技术是畜牧学与环境学相融合形成的一个分支学科。本绪论重点阐述畜禽环境的概念,介绍畜禽环境控制技术主要研究内容、主要任务、研究意义和研究方法,重点阐明畜禽环境对畜禽个体和群体影响的基本规律,教会读者如何利用这些规律改善环境、保护环境以及提高畜牧业的生产水平。

【知识储备】

一、畜禽与环境

1. 畜禽环境

学习畜禽环境控制技术的主要目的是:一方面,要学会如何安全高效地生产优质畜禽产品,进而提高畜牧业经济效益;另一方面,要学会如何保障动物福利条件,从而在环境层面上做到畜牧业生产的可持续发展。畜禽环境包括内环境和外环境。内环境是指机体内部一切与生存有关的物理、化学、生物的因素。通常所说的环境,一般是指畜禽的外环境,即与畜禽生产和生活有关的一切外界因素的总和。

畜禽的外环境可分为自然环境和人为环境两大类。前者包括非生物环境(如空气、水、土壤、岩石等)和生物环境(如动物、植物、微生物等);后者包括畜禽场、建筑物与设备、饲养管理条件、选育方法、风俗习惯、经济力量、消费水平、相关法规政策等。外环境因素是异常复杂的,它们以各种各样的方式,由不同的途径,单独或综合地对畜禽机体产生影响,并通过机体的内在规律,引起畜禽各种各样的反应。外环境是不断变化的,畜禽通过自身的调节机制,使机体与环境之间物质和能量的交换处于动态平衡,并保持内部环境的相对恒定。但畜禽的适应能力和调节能力是有限的,当环境变化超出其适应范围时,机体与环境之间的平衡与统一被破坏,其生产力和健康将会受到影响,严重时甚至导致死亡。

在畜禽生产中,畜禽的环境、品种、饲料以及防疫共同决定畜禽生产力水平,其中30％～40％取决于环境条件,10％～20％取决于畜禽品种,40％～50％取决于饲料。大量事实证明,环境条件的改善可使畜禽饲养效果和生产力水平显著提高。

2.研究目的

按照畜禽生理、行为特征的需要,以及社会、经济的条件水平,为畜禽创造良好的生活和生产环境,保障畜禽健康,预防疾病,充分发挥生产潜力,生产安全、优质、无污染的畜禽产品,降低畜禽生产的成本,以提高经济效益。同时对畜禽生产中产生的粪、尿、污水、恶臭、药物残留及噪声等进行控制和处理,保护人类良好的生存环境。

二、主要研究内容

畜禽环境控制技术主要研究畜禽与外界环境因素相互作用和影响的基本规律,并依据这些规律制订利用、保护、改善和控制畜禽场与畜禽舍环境的技术措施,是畜牧兽医类相关专业的专业基础课。

1.研究内容

畜禽环境控制技术是由环境科学和畜牧科学交叉渗透形成的新科学,主要包括三部分内容:一是畜禽与环境的关系,阐述外界环境因素的组成,各种环境因素的特征、相互关系、变化规律,以及其对畜禽生理机能、生产性能和健康的影响;二是畜禽环境的控制,阐述畜禽场选址、规划、布局、畜禽舍设计及畜禽场环境管理的技术与方法,为畜禽创造适宜的环境条件;三是畜禽场的环境保护,研究如何消除外界环境对畜禽场的污染及畜禽生产对外界环境的污染,防治畜产公害。

2.课程性质及与其他学科的关系

从课程体系上来看,畜禽环境控制技术是一门专业基础课,是连接基础课(如畜禽生理学、动物微生物学、动物生物化学)与专业课(如畜禽生产、动物临床诊疗技术、动物疾病学)的桥梁,它既以动物行为学、气象学、土壤学等为理论基础,又为动物科学和动物疾病防治学提供理论依据和技术方法,同时也与其他专业基础课如动物营养学、动物繁殖学、家畜生态学保持着密切的联系。它既是畜牧兽医和动物医学专业的专业基础课之一,又是从事动物生产技术人员的必修课程之一,还是农业工程、农业机械和环境保护等专业人员均需要涉足的一门科学。

三、主要任务

目前,我国畜禽环境控制技术面临两大任务。

1.加深理论探索

畜禽环境控制技术需要加深与相关学科的渗透。利用生物学、细胞生物学、动物生物化学、动物生理学、动物免疫学、动物生态学等学科的研究方法来研究环境问题;从细胞水平和分子水平上研究环境因素如何影响畜禽机体的代谢、免疫力以及畜禽如何产生适应性反应等。

2.加强应用技术研究

在技术措施方面,畜禽环境控制技术根据各地区的气候特点,研究制订符合畜禽生物学特点与生理要求的舍饲环境控制参数和生产工艺流程,研发适应现代化畜禽生产的环境控制设施和技术,运用其理论解决在饲养管理中的存在环境问题,建立适用于不同地区环境条件的畜禽生产新模式。在环境控制方面,该学科本着"环境达标即开产,环境不达标绝不运行"的原则,努力指导畜禽生产实现清洁生产,解决畜产公害,进一步研究畜禽生产对环境的污染现状、检测指标和监控方法,进一步研制适合我国国情的畜禽场废弃物处理高效新设备,实现有效替换并用于生产。在生态畜牧业方面,研究该学科的基本理论与技术在畜禽生产以及农业生产中的应用,进一步促进农牧良性循环和畜牧业的可持续发展。

四、研究意义

1. 为畜禽环境控制和改善提供理论依据

外界环境因子是不断发生变化的,这与畜禽要求环境相对稳定是矛盾的。畜禽环境控制技术明确阐述畜禽生产所需要的适宜环境参数,为环境控制和改善提供理论依据。

2. 为畜禽场设计提供技术和方法

畜禽场是集中饲养畜禽进行畜牧业生产活动的场所,畜禽场环境及生产经营状况良好与否都取决于畜禽场设计是否合理。例如,畜禽场的水源充足、水质良好、土壤无污染等是畜牧生产良好开展的前提。水源和土壤中的病原微生物可能引起畜禽传染病,水源和土壤中一些元素含量过高可能引起畜禽中毒,水源和土壤微量元素缺乏也会导致一些疾病的发生等。

3. 为畜禽环境保护提供有效的途径

运用畜禽环境控制技术的理论,进而分析畜禽场环境污染产生的原因,出台有针对性的防治污染物措施,并采用生物、物理、化学的方法处理和利用畜禽场废弃物,力争实现污染物的零排放和畜禽清洁生产,使畜禽生产持续、稳定、健康地发展和进步。

4. 为规模化、集约化畜禽生产提供技术支持

畜禽环境控制技术的研究成果为规模化、集约化畜牧业生产提供技术支持。例如,根据畜禽热调节机制及其对温度、湿度、通风的要求,研发供热、降温和通风设备,可改善畜禽舍的温度、湿度和空气状况,保障畜禽产品一年四季均衡生产供应;在家禽生产中,根据家禽生理特性与光照的关系人工控制光照技术,保障家禽规模化生产的稳定、均衡。

5. 为动物疾病的预防提供有效的方法

科学的畜禽场设计,一方面可以杜绝场外的病原进入场内,另一方面可防止病原在场内的不同畜禽之间传播。严格的环境管理可减少特异性病原引起的疾病,还可预防由环境剧变引起的非特异性的疾病。正确的选址也可消除土壤和水体污染对畜禽健康的不良影响。

6. 为无公害畜禽产品生产提供技术支持

一方面,若畜禽场受到环境污染,污染物如农药、重金属、病原等通过空气、土壤、饲料、水等途径进入动物体内,不仅危害动物健康,还会降低动物性食品的安全性;另一方面,畜禽场与畜禽舍环境恶化会引发疾病流行,往往容易导致药物滥用,进而危及动物性食品安全。运用畜禽环境控制技术的理论与技术改善环境、保护环境是生产无公害畜禽产品的重要手段之一。

7. 有利于更好地发挥其他生产技术的效力

例如,畜禽对于营养物质的消化、吸收和转化能力与温度、湿度、气流、光照等环境因子密切相关,根据环境的变化对畜禽日粮进行适当调整,才会获得良好的效果。再如,畜禽的繁殖性能、产肉性能及产奶性能与温度及光照有密切的关系,只有采取适当的环境控制措施,才能提高畜禽的产量和质量。此外,畜禽遗传潜力的发挥,也依赖于适宜的畜禽生产环境。

五、研究方法

1. 调查研究法

调查研究法是调查了解各种环境因素的性质和变化规律，分析它对畜禽健康生产的影响，掌握其影响规律的一种方法。

2. 试验研究法

试验研究法是在实验室模拟各种环境条件，观察其对畜禽生活、生产和健康的影响过程和程度的一种方法。例如，人工气候室法是利用人工气候室模拟各种气候因子的变化，研究气候因子对畜禽影响的一种试验研究法。

3. 监测法

监测法是用实验室手段对环境的物理特性、化学特性和生物学特性进行系统监测的一种方法。通过该法可掌握环境变化规律，便于及时采取防治措施，可确保畜禽外环境的安全。

 绪论小结

本绪论主要叙述了畜禽环境的概念，重点阐述了环境控制技术研究的内容、目的、意义和方法，介绍了畜禽环境控制技术的性质及与其他学科的关系。要求学生掌握畜禽环境的概念，熟悉畜禽环境和畜禽环境控制技术研究的内容、意义和方法。

 学习思考

1. 什么是畜禽环境？
2. 畜禽环境控制技术研究的内容、方法有哪些？
3. 学习畜禽环境控制技术的意义是什么？

畜禽场规划设计

【模块导入】

　　畜禽场是应用现代科学技术和生产方式从事畜禽生产的场所,场址的选择与布局是否得当,都直接关系到畜禽生产水平与经济效益的高低。它具有生产专业化、品种专门化、产品均衡化、生产过程机械化和生产技术现代化5个特点。良好的畜禽场环境条件应该具备以下几个方面:①具有良好的小气候条件,有利于畜禽舍内空气环境的控制与改善;②要有便于执行的各项卫生防疫制度和措施;③要规划科学、布局合理,便于合理组织生产,有效提高设备利用率和职工劳动生产率;④便于原料的采购和产品的销售。畜禽场科技人员必须掌握畜禽生产工艺设计的相关知识,了解畜禽场规划设计的主要程序、内容和方法,并能运用文字和绘图技术来表达畜禽场规划建设的思路,为建设部门提供全面、详实、可靠的设计依据,在生产实际中科学指导畜禽场的设计和建设。

项目一　场址选择与畜禽场规划布局

【项目导入】

　　畜禽场场址选择是畜禽生产的开端,不仅要根据畜禽场的经营方式(单一经营或综合经营)、生产特点(种畜场或商品场)、饲养管理方式(舍饲或放牧)及生产集约化程度等基本特点,而且要结合当地人们的消费观念与消费水平、畜牧生产的区域性、地方(地域)发展的方向及资源利用等情况进行合理选址。同时要对地形、地势、水源、土壤、地方性气候等自然条件,以及饲料与能源供应、交通运输、畜禽场与工厂和居民点(城镇)的相对位置、产品就近销售、畜禽场废弃物处理等社会条件进行通盘考虑。

【知识储备】

一、自然条件

1. 地形和地势

地形指场地形状、大小和地物(场地上的房屋、树木、河流、沟坎等)状况。地势指场地的高低起伏状况。

畜禽场地形应该开阔、整齐,并有足够的面积:①地形开阔是指场地上原有房屋、树木、河流、沟坎等地物要少,应尽量减少施工前清理场地的工作量或填挖土方量。②地形整齐有利于建筑物的合理布局,有利于场地的充分利用。地形狭长会拉长生产作业线和各种管线,不利于场区规划、布局和生产联系;边角太多,则建筑物布局凌乱,会降低场地利用率,增加场界防护设施的投资。③场地面积应根据畜禽种类、规模、饲养管理方式、集约化程度和饲料供应情况(自给或购入)等确定,另外,根据畜禽场规划,应留有发展余地。畜禽场所需场地面积见表1-1。

表1-1　畜禽场所需场地面积推荐值　　　　　　　　m²/头或 m²/只

畜禽场类型	饲养规模	所需面积	备注
奶牛场	100~400 头成年奶牛	160~180	按成奶牛计
肉牛场	年出栏育肥牛 1 万头	16~20	按年出栏计
繁殖猪场	100~600 头基础母猪	75~100	按基础母猪计
育肥猪场	年上市 0.5 万~2 万头育肥猪	5~6	本场饲养母猪,按上市育肥猪头数计
绵羊场	200~500 只母羊	10~15	按成年母羊计
奶山羊场	200 只母羊	15~20	按成年母羊计
蛋鸡场	10 万~20 万只蛋鸡	0.5~0.8	本场不养种鸡,蛋鸡笼养,按蛋鸡计
肉鸡场	年上市 100 万只肉鸡	0.2~0.3	本场养种鸡,肉鸡笼养,按存栏 20 万只肉鸡计

畜禽场地应地势干燥、平坦,有缓坡(便于排水)。若在坡地建场,要求背风向阳,坡度一般以 1%~3%为宜,最大不超过 25%,否则会加大建场施工工程量,而且也不利于场内运输。地势低洼,易积水潮湿且通风不良,夏季空气闷热,利于蚊蝇和微生物滋生,冬季阴冷不利于畜禽生长发育。低洼潮湿会降低畜禽舍保温隔热性能和使用年限。地势应至少高出当地历史洪水线以上,地下水位应在 2 m 以下。场地平坦,可减少建场施工土方量,降低基建投资。在坡地建场最好选向阳坡,因为我国冬季盛行北风或西北风,夏季盛行南风或东南风,所以向阳坡夏季迎风利于防暑,冬季背风可减轻冬季风雪侵袭的影响,对场区小气候有利。

2.水源和土壤

畜禽生产过程需要大量的水,水质好坏直接影响畜禽场内人畜健康及畜产品质量。因此,必须有一个可靠的水源。水源要满足符合《无公害食品　畜禽饮用水水质》(NY 5027—2008)标准和水源充足这两大条件,在城区应选择水质较好的自来水,在农村应选择地下深井水,水源周围 50~100 m 内不得有污染源。若用地表水作饮用水时,应根据水质情况进行沉淀、净化和消毒处理后才可饮用。

土壤条件不应选择透气性和透水性不良、吸湿性大的土壤,因为该类土壤受粪尿等有机物污染,厌氧分解产生氨和硫化氢等有害气体,使场区空气受到污染。污染物通过土壤孔隙或毛细管被带到浅层地下水中,或被降水冲刷到地表水源里,使水源受到污染。潮湿的土壤还是病原微生物、寄生虫卵以及蝇蛆等存活和滋生的良好场所。这类土壤抗压性低,易使建筑物的基础变形,缩短建筑物使用寿命,降低畜禽舍的保温隔热性能。土壤中的化学成分可通过水和植物进入畜禽体内,其中某些矿物元素的缺乏或过量,可导致畜禽发生地方性缺乏症或中毒症。

沙壤土既克服了沙土导热性强、热容量小的缺点,又弥补了黏土透气透水性差、吸湿性强的不足。沙壤土抗压性较好,膨胀性小,适用于畜禽舍地基。由于客观条件的限制,往往选择最理想的土壤是不容易的,这就需要在畜禽舍的设计、施工、使用和其他日常管理上,设法弥补当地土壤的缺陷。

二、社会环境

1.位置

畜禽场应选在居民点的下风处且地势较低处,但要避开其污水排出口。不应选在化工厂、屠宰场、制革厂等易造成环境污染企业的下风处或附近。畜禽场与居民点的距离:一般畜禽场应不少于300~500 m,大型畜禽场(万头猪场、十万羽以上鸡场、千头奶牛场等)应不少于1 000 m;与其他畜禽场的距离,一般应不少于150~300 m(家禽以及兔等小家畜之间距离宜更大些),大型畜禽场则应不少于1 000~1 500 m。

2.交通

畜禽场要求交通便捷,特别是大型集约化的商品畜禽、饲料、产品、粪尿废弃物运输量很大,故应保证交通方便。但交通干线往往是疫病传播的途径,在选择场址时,既要考虑到交通方便,又要使畜禽场与交通干线保持适当的卫生间距。一般距一、二级公路和铁路应不少于500 m;距三级公路(省内公路)应不少于200 m;距四级公路(县级、地方公路)不少于100 m。畜禽场还要修建专用道路与主要公路相通。

3.供电

选择场址时,还应重视供电条件。特别是集约化程度较高的畜禽场,必须具备可靠的电力供应。应尽量靠近原有输电线路,缩短新线架设距离。最好采取工业用电和民用电两路供电,同时应配置电机。

4.饲料

饲料是畜禽生产的物质基础,饲料费一般可占畜禽产品成本的70%~80%。因此,选择场址时还应考虑饲料的就近供应,草食家畜的青饲料应尽量由当地供应,或本场规划出饲料地自行种植,避免因大量青饲料长途运输而提高成本。

5.其他

场址的选择还应考虑产品的就近销售,尽量缩短运输距离,降低成本,减少产品消耗。同时,也应注意畜禽粪尿和废弃物的就地处理和利用,防止污染周围环境。

6.不宜建场

国家规定的风景保护区、水源保护区、自然保护区均不宜建场。历史上受洪灾、海上威胁、泥石流、滑坡、龙卷风等自然灾害多发地带及自然环境污染严重的地区或地域也不宜建场。

三、畜禽场规划

根据畜禽场场地规划方案和工艺设计对不同建筑物的规定,合理安排每栋畜禽舍和每种设施的位置和朝向,称为畜禽场建筑物布局。畜禽场设计时主要考虑不同场区和建筑物之间的功能关系、场区小气候的改善以及畜禽场的卫生防疫和环境保护等因素。畜禽场设计应该根据场地的地形、地势和当地主导风向(主风向)有计划地安排畜禽舍、道路、排水、绿化等位置。同时,场地规划和建筑物布局须结合进行,综合考虑,提出几种方案,反复比较分析,最后确定理想的方案并绘出总平面图。

(一)畜禽场分区规划原则

①根据不同畜禽场的生产工艺要求,结合当地气候条件、地形地势及周围环境特点,因地制宜,合理安排各区位置。

②充分利用场区原有的自然地形、地势,有效利用原有道路、水电、供电线路及原有建筑物等,减少投资,降低成本。

③合理组织场内外的人流和物流,创造最有利的环境条件和低劳动强度的生产联系,实现高效生产。

④保证建筑物有良好的朝向,满足采光和自然通风条件,并有足够的防火间距。

⑤对畜禽粪尿、污水及其他废弃物进行处理和利用,确保其符合清洁生产的要求。

⑥建筑物布局紧凑,节约用地,少占或不占耕地,并应充分考虑今后的发展,留有余地。对生产区的规划必须兼顾将来技术进步和改造的可能性,可按分阶段、分期、分单元建场的方式规划,确保达到最终规模后总体的协调一致。

(二)畜禽场的功能分区及其规划

通常将具有一定规模的畜禽场,分为 3 个功能区,即管理区和生产区以及隔离、粪污处理区。在进行场地规划时,主要考虑人畜卫生防疫和便于工作,根据场地地势和当地全年主风向,按图 1-1 合理安排各区位置。

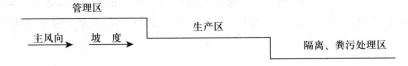

图 1-1 畜禽场各区依地势、风向配置示意图

1. 管理区

管理区也称场前区,是畜禽场从事经营管理活动的功能区,与社会环境具有极为密切的联系。包括行政和技术办公室、饲料加工车间和料库、车库、杂品库、配电室、水塔、宿舍、食堂等。此区位置的确定,除考虑风向、地势外,还应考虑将其设在与外界联系方便的位置。为了防疫安全,又便于外面车辆将饲料运入和饲料成品送往生产区,应将饲料加工车间和料库设在该区与生产区隔墙处。但对于兼营饲料加工销售的综合型大场,则应在保证防疫安全和方便与生产区保持联系的前提下,独立组成饲料生产小区。此外,由于负责场外运输的车辆严禁进入生产区,其车棚、车库应设在管理区。建议待出售的畜产品仓库及其他杂品库也应设在管理区。

2. 生产区

生产区是畜禽场的核心区,是从事动物养殖的主要场所,包括畜禽舍、饲料调制和贮存建筑物(其中包括青贮塔、青贮壕、干草棚)等。生产区应设在畜禽场的中心地带。规模较小的畜禽场,可根据不同畜禽的特点,统一安排各种畜禽舍。自繁自养畜禽场应将种畜禽群(包括繁殖群)、幼畜(雏禽)群与商品畜禽群分开,分区饲养管理。通常将种畜禽群、幼畜(雏禽)群设在防疫比较安全的上风处和地势较高处,依次为育成畜禽群、商品畜禽群等区。

(1)商品畜禽群 如奶(肉)牛群、育肥猪群、蛋(肉)鸡群、肉羊群等。这些畜禽的产品要及时出场销售,且多采取高密度和机械化管理。其饲料、产品、粪便的运送量相当大,与场外的联系比较频繁。一般安排在靠近大门交通便捷的地段,以减少外界疫情向场区深处传播的机会。为便于青绿多汁饲料的供给,奶牛群还应靠近场内饲料地。

(2)育成畜禽群 指本场培育的青年畜禽,包括青年牛、后备猪、育成鸡等。应安置在空气新鲜、阳光充足、疫病较少的区域。

(3)种畜禽群 是畜禽场的基础群,应设在防疫安全的场区深处,必要时应与外界隔离。根据主风向和地势由高到低的顺序,自繁自养的畜禽场布局一般为:猪舍布局依次为种猪舍、产房、保育猪舍、生长猪舍、育肥猪舍;鸡舍布局依次为孵化室、育雏室、后备鸡舍、成鸡舍。不同畜禽群间应有较大的卫生间距,国外有些畜禽场可达 200 m。

饲料调制、贮存间和青贮塔,应设在上风口和地势较高处,并与各畜禽舍及饲料加工车间方便联系。青贮塔(壕)的位置既要便于青贮原料从场外运入,又要避免外来车辆进入生产区。干草和垫草的堆放场应安排在生产区下风向的空旷地带,与堆粪场、隔离舍保持一定的卫生间距,并与其他建筑物保持 60 m 的防火间距,还应避免场外运送干草、垫草的车辆进入生产区。

3.隔离、粪污处理区

隔离、粪污处理区与生产区之间应保持适当的卫生间距以及设立一条绿化隔离带;与生产区和场前区的联系应有专用的大门和道路。包括兽医诊疗室、隔离舍、尸体解剖室、病尸高压灭菌或焚烧处理设备、粪便污水贮存与处理设施等,应设在场区的最下风向和地势最低处,并与畜禽舍保持 300 m 以上的卫生间距。该区应尽可能与外界隔绝,四周应有隔离屏障,如防疫沟、围墙、栅栏或浓密的乔灌木混合林带,隔离区内的粪便污水贮存与处理设施与生产区有专用道路相连,与场外有专用大门和道路相通。

四、畜禽场建筑物的布局

畜禽场建筑物的布局即合理设计各种畜禽舍建筑物及设施的排列方式和次序,确定每栋建筑物和每种设施的位置、朝向和相互间距。在畜禽场布局时,要综合考虑各建筑物之间的功能关系、场区小气候以及畜禽舍的通风、采光、防疫、防火要求,兼顾节约用地、布局美观整齐等。应根据畜禽场所规定的任务与要求(养哪种畜禽,养多少,产品产量等),确定饲养管理方式、集约化程度和机械化水平、饲料需要量和供应情况(自产、购入或加工调制等),然后进一步确定各种建筑物的形式、种类、面积和数量。在此基础上,综合考虑场地的各种因素,制订最好的布局方案,牛场分区与布局见图 1-2。

(一)建筑物的排列

畜禽场建筑物通常应设计为东西成排、南北成列,尽量做到合理、整齐、紧凑、美观。生产区内畜禽舍的布置,应根据当地气候、地势地形、建筑物数量和长度,酌情布置为单列、双列或多列。要尽量避免横向狭长或竖向狭长的布局,狭长形布局势必加大饲料、粪污运输距离,使生产和管理联系不便,道路、管线加长,建场投资增加。生产区按方形或近似方形的布局可避免这些缺点。

(二)建筑物的位置

确定每栋建筑物和每种设施的位置时,主要根据它们之间的功能关系和卫生防疫要求加

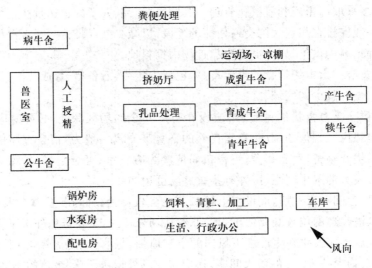

图1-2 牛场分区与布局

以考虑。

1. 功能关系

在安排畜禽场各类建筑物和设施之间位置时,应将相互有关、联系密切的建筑物和设施就近设置,以便生产联系。

2. 卫生防疫

根据场地地势和当地全年主风向,尽量将办公室和生活用房、种畜禽舍、幼畜禽舍安置在上风向和地势较高处,商品畜禽舍置于下风和地势较低处,隔离舍和粪污处理设施置于最下风处和地势低处。地势与主风向一致时较易设置,但若二者相反时,则可利用与主风向垂直的对角线上的"安全角"来安置防疫要求较高的建筑物。例如,主风向为西北风而地势南高北低时,场地的西南角和东北角为"安全角"。

3. 工艺流程

(1)猪生产工艺流程 根据猪的繁殖过程,其生产工艺流程为种猪配种→妊娠→分娩哺乳→保育→育成→育肥→上市。考虑各建筑物和设施的功能联系,应按种公猪舍、配种间、空怀母猪舍、妊娠母猪舍、产房、保育舍、育成猪舍、育肥猪舍、装猪台的顺序相互靠近设置(图1-3)。这不仅有利于防疫和管理,而且有利于环境控制和粪污处理。

不同猪场由于饲养规模、技术水平不同,加之不同的猪群具有不同的生理要求,为提高效率,便于生产和管理,现代养猪业一般采用分段饲养、全进全出的生产工艺。创建的工艺流程有三段式、四段式、五段式等,转群次数及其特点见表1-2。

对于10万头以上规模较大的猪场,通常以场为单位实行全进全出,不仅有利于防疫和管理,而且可以避免猪场过于集中给环境控制和粪污处理带来的压力。但生产工艺流程中饲养阶段的划分不是固定不变的。为加强妊娠母猪管理,提高分娩率,将空怀及妊娠母猪群分为空怀配种期、妊娠前期、妊娠后期;为提高母猪年产窝数,哺乳仔猪5周龄断奶,可减少到4周龄或3周龄;为提高瘦肉率,将育肥期分成育肥前期(自由采食)和育肥后期(限制饲喂)。地方猪生长慢,各阶段相对长些,种猪一般无育肥期。总之,工艺流程中饲养阶段的划分应以提高生产力水平为前提,根据猪场性质、规模加以确定。猪场主要工艺参数见表1-3。

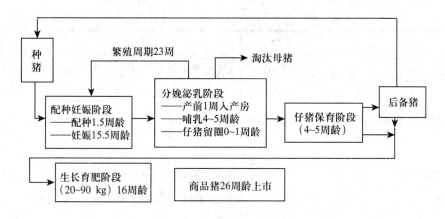

图1-3　猪生产工艺流程图

表1-2　几种常用养猪工艺流程的转群次数及其特点

项目	二段式	三段式	四段式	五段式
工艺流程	空怀、妊娠、哺乳期→生长育肥期	空怀及妊娠期→哺乳期→生长育肥期	空怀及妊娠期→哺乳期→仔猪保育期→生长育肥期	空怀及妊娠期→哺乳期→仔猪保育期→育成期→育肥期
猪舍类型	育肥、母猪	分娩、育肥、妊娠	分娩、保育育肥、妊娠	分娩、保育育成、育肥妊娠
转群次数	无	1次	2次	3次
猪舍及设备利用率	半年1周期	一般	高	最高
猪舍及设备合理性	不合理	一般	较合理	合理
操作管理等方面	简单	一般	一般	复杂

表1-3　猪场主要工艺参数

指标	参数	指标	参数
妊娠期/d	114	仔猪哺乳期成活率/%	90
哺乳期/d	28～35	哺乳仔猪断奶重/(kg/头)	8～9
断奶后至发情期天数/d	7～10	哺乳仔猪日增重/[g/(头·d)]	180～190
情期受胎率/%	85	哺乳仔猪全期耗料量/(kg/头)	5～7
确认妊娠所需时间/d	21	仔猪培育天数/d	35
分娩率/%	85～95	仔猪培育期成活率/%	95
母猪年产仔窝数/头	2.1～2.4	仔猪培育期末重/(kg/头)	20～25
经产母猪窝产仔数/头	11	仔猪培育期日增重/[g/(头·d)]	400～460
经产母猪窝活产仔数/头	10	仔猪培育期全期耗料量/(kg/头)	17～20
初生仔猪个体重/(kg/头)	1.1～1.2	商品猪肥育天数/d	100～110
仔猪哺乳天数/d	28～35	肥育期成活率/%	98

续表 1-3

指标	参数	指标	参数
肥育期末重/(kg/头)	90～100	后备母猪 180～240 d 耗料量/(kg/头)	150
肥育期平均日增重/[g/(头·d)]	640～700	母猪周配种次数/d	1.2～1.4
肥育猪全期耗料量/(kg/头)	200～250	转群节律计算天数/d	7
公母比例(本交)	1:25	妊娠母猪提前进产房天数/d	7
种猪利用年限(年)	3～4	各猪群转圈后空圈消毒天数/d	7
种猪年更新率/%	25	母猪配种后原圈观察天数/d	21
后备种猪选留率/%	75	每头成年母猪提供商品猪数/(头/年)	16～18
空怀、妊娠母猪 273 d 耗料量/(kg/头)	800～850	生产人员平均养猪数/[头/(人·年)]	450～500
哺乳母猪 92 d 耗料量/(kg/头)	450～500	在编人员提供商品猪数/[头/(人·年)]	300～350
种公猪 365 d 耗料量/(kg/头)	1 100	每平方米建筑提供商品猪数/[头/(人·年)]	0.9～1
后备公猪 180～240 d 耗料量/(kg/头)	210		

(2)鸡生产工艺流程　是根据鸡场的不同养育阶段划分的,即0～6周龄为育雏期,7～20周龄为育成期,21～76周龄为产蛋期。不同时期鸡的生理状况不同,对环境、设备、饲养管理、技术水平等方面的要求不同。此外,不同性质的鸡场,其生产工艺流程也有所不同(图1-4)。因此,鸡场应分别建立不同类型的鸡舍,以满足鸡群生理、行为及生产等要求,最大限度地发挥鸡群的生产潜力。鸡场主要工艺参数见表1-4和表1-5。

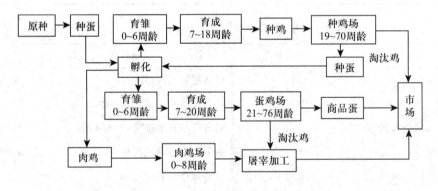

图 1-4　各种养鸡场的生产工艺流程

(3)养牛场生产工艺流程　养牛生产工艺流程中划分为犊牛期(0～6月龄)、青年牛期(7～15月龄)、后备牛期(16月龄至第一胎产犊前)及成年牛期(第一胎至淘汰)。成年牛期又可根据繁殖阶段进一步划分为妊娠期、泌乳期、干奶期。其牛群结构包括犊牛、生长牛、后备牛、成年母牛。整个生产基本按如下工艺进行:

表 1-4 鸡场主要工艺参数(一)

指标	参数	指标	参数
来航型蛋用种母鸡体重及耗料量/(g/只)		来航型蛋用种母鸡体重及耗料量/(g/只)	
1.雏鸡(0~6 或 7 周龄)		(2) 19~25 周龄耗料量	3820
(1)7 周龄体重	480~560	(3)40 周龄体重	1640
(2)1~7 周龄耗料量	1 120~1 274	(4)26~40 周龄耗料量	11 200
2.育成期		(5)60 周龄体重	1 730
(1)18 周龄体重	1 135~1 270	(6)41~40 周龄耗料量	14 600
(2)8~18 周龄耗料量	3 941~5 026	(7)72 周龄体重	1 780
3.产蛋期(19~72 周龄)		(8)41~40 周龄耗料量	8 300
(1) 25 周龄体重	1 550		
来航型蛋用种母鸡生产性能(22~73 周龄)		来航型蛋用种母鸡生产性能(22~73 周龄)	
1.平均饲养日产蛋率/%	73.1	4.累计入舍鸡产种蛋数/(枚/只)	211
2.累计入舍鸡产蛋数/(枚/只)	267	5.入孵蛋总孵化率/%	84.9
3.种蛋率/%	84.1	6.累计入舍鸡产母雏数/(只/只)	89.7
轻型和中型蛋鸡生产性能		轻型和中型蛋鸡生产性能	
1.21~30 周入舍鸡产蛋率/%	10~90	5.饲养日平均产蛋率/%	78
2.31~60 周入舍鸡产蛋率/%	90~75	6.入舍鸡产蛋数/(枚/只)	288.9
3.61~76 周入舍鸡产蛋率/%	70~62	7.入舍鸡平均产蛋率/%	73.7
4.饲养日产蛋数/(枚/只)	305.8	8.平均月死淘率/%	小于 1

①初生犊牛→(2~6 月龄断奶)→1.5 岁左右性成熟→2~3 岁体成熟(18~24 月龄第一次配种或采精)→妊娠(10 个月)→第一次分娩,泌乳→分娩后 2 个月,发情,配种→分娩前 2 个月,干奶→第二次分娩,泌乳→……淘汰。

②现代奶牛生产中,普遍采用人工授精技术,一般奶牛场不养公牛。通常按一定区域建立种公牛站,将种公牛集中饲养,后备公牛由良种牛场通过严格选育提供或从国外引进。奶牛场主要工艺参数见表 1-6 和表 1-7。

表 1-5 鸡场主要工艺参数(二)

指标	参数	指标	参数
轻型蛋鸡体重、耗料量及成活率		轻型蛋鸡体重、耗料量及成活率	
1.雏鸡(0~6 周龄或 7 周龄)		(3)8~18 周龄日耗料量/(g/只)	46~75
(1)7 周龄体重/(g/只)	530	(4)8~18 周龄总耗料量/(g/只)	4 550
(2)1~7 周龄日耗料量/(g/只)	10~43	3.产蛋鸡(21~72 周龄)	
(3)1~7 周龄总耗料量/(g/只)	1 316	(1)21~40 周日耗料量/(g/只)	77~114
(4)7 周龄成活率/%	93~95	(2)21~40 周总耗料量/(g/只)	1 520
2.育成鸡		(3)41~72 周日耗料量/(g/只)	100~104
(1)18 周龄体重/(g/只)	1 270	(4)41~72 周总耗料量/(g/只)	22 900
(2)18 周龄成活率/%	97~99		
中型蛋鸡体重、耗料量及成活率		中型蛋鸡体重、耗料量及成活率	
1.雏鸡(0~6 周龄或 7 周龄)		(3)8~18 周龄日耗料量/(g/只)	48~83
(1) 7 周龄体重/(g/只)	515	(4)8~18 周龄总耗料量/(g/只)	5 180
(2) 1~7 周龄日耗料量/(g/只)	12~43	3.产蛋鸡(21~72 周龄)	
(3) 1~7 周龄总耗料量/(g/只)	1 365	(1)21~40 周日耗料量/(g/只)	91~127
(4) 7 周龄成活率/%	93~95	(2)21~40 周总耗料量/(g/只)	16.4
2.育成鸡		(3)41~72 周日耗料量/(g/只)	100~114
(1)18 周龄体重/(g/只)	1 340	(4) 41~72 周总耗料量/(g/只)	25 000
(2)18 周龄成活率/%	97~99		
肉用种母鸡体重及耗料量/(g/只)		肉用种母鸡体重及耗料量/(g/只)	
1.雏鸡(0~7 周龄)		3.产蛋鸡(21~66 周龄)	
(1)7 周龄体重	749~845	(1)25 周龄体重	2 727~2 863
(2)1~2 周龄不限饲日耗料量	26~28	(2)21~25 周龄日耗料量	110~140
(3)3~7 周龄日耗料量	40~56	(3)42 周龄体重	3 422~3 557
2.育成鸡(8~20 周龄)		(4)26~42 周龄日耗料量	161~180
(1)20 周龄体重	2 135~2 271	(5)42 周龄体重	3 632~3 768
(2)8~20 周龄日耗料量	59~105	(6)43~66 周龄日耗料量	170~136
肉种鸡生产性能(23~66 周龄)		肉种鸡生产性能(23~66 周龄)	
1.饲养日产蛋数/(枚/只)	209	5.入舍鸡产种蛋数/(枚/只)	183
2.饲养日平均产蛋率/%	68	6.平均孵化率/%	86.8
3.入舍鸡产蛋数/(枚/只)	199	7.入舍鸡产雏数/(只/只)	159
4.入舍鸡平均产蛋率/%	92	8.平均月死亡率和淘汰率/%	小于 1

表 1-6 奶牛场主要工艺参数(一)

指标	参数	指标	参数
1.性成熟月龄/月龄	6~12	9.泌乳期/d	300
2.适配年龄/年龄	公:2~2.5,母:1.5~2	10.干乳期/d	60
3.发情周期/d	19~23	11.奶牛利用年限/年	8~10
4.发情持续天数/d	1~2	12.犊牛饲养日数(1~60日龄)/d	60
5.产后第一次发情天数/d	20~30	13.育成牛饲养日数(7~18月龄)/d	365
6.情期受胎率/%	60~65	14.青年牛饲养日数(19~34月龄)/d	488
7.年产胎数/胎	1	15.成年母牛淘汰率/%	8~10
8.每胎产犊数/头	1		

表 1-7 奶牛场主要工艺参数(二)

指标	参数	指标	参数
生产性能		生产性能	
奶牛中等水平300 d泌乳量/(kg/头)		牛等水平体重/(kg/头)	
第一胎	3 000~4 000	出生重	公:38,母:36
第二胎	4 000~5 000	6月龄体重	公:190,母:170
第三胎	5 000~6 000	12月龄体重	公:340,母:275
		18月龄体重	公:460,母:370
犊牛喂乳量/[kg/(头·d)]		犊牛喂乳量/[kg/(头·d)]	
1~30日龄	5渐增至8	91~120日龄	4渐减至3
31~60日龄	8渐减至6	121~150日龄	2
61~90日龄	5渐减至4		
饲料消耗定额/[kg/(头·年)]		饲料消耗定额/[kg/(头·年)]	
1.种公牛(体重900~1 000 kg)		5.奶牛(体重500~600 kg,产奶5 000 kg)	
混合精料	2 800	混合精料	1 100
青饲料、青贮料及青干草	6 600	青饲料、青贮料及青干草	12 900
块根	1 300	块根	7 300
2.奶牛(体重400 kg,产奶2 000 kg)		6.大于1岁牛(体重240~450 kg)	
混合精料	400	混合精料	365
青饲料、青贮料及青干草	9 900	青饲料、青贮料及青干草	6 600
块根	2 150	块根	2 600
3.奶牛(体重450 kg,产奶3 000 kg)		7.小于1岁牛(体重900~1 000 kg)	
混合精料	900	混合精料	365
青饲料、青贮料及青干草	11 700	青饲料、青贮料及青干草	5 100
块根	3 500	块根	2 150
4.奶牛(体重500~600 kg,产奶4 000 kg)		8.犊牛(体重160~280 kg)	
混合精料	1 100	混合精料	400
青饲料、青贮料及青干草	12 900	青饲料、青贮料及青干草	450
块根	5 700	块根	200

③肉牛生产工艺一般划分为初生犊牛(2~6月龄断奶)→幼牛→生长牛(架子牛)→育肥牛→上市。8~10月龄时应对公牛去势。

(三)建筑物的朝向

畜禽舍纵墙面积比山墙大,适宜朝向以纵墙和屋顶在冬季多接受日照,夏季少接受日照为原则,来改善舍内温度状况,达到冬暖夏凉的目的。门窗设计在纵墙上,冬季冷风渗透和夏季通风都取决于纵墙与冬、夏主风向的夹角。因此,畜禽舍适宜朝向应遵循冬季冷风渗透少,夏季通风量大而均匀的原则(图1-5)。

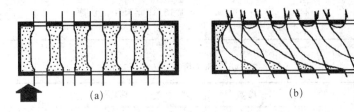

图1-5　畜禽舍朝向与夏季舍内通风效果
(a)主风与畜禽舍长轴垂直,舍内涡风区大;(b)主风与畜禽舍长轴呈30°~45°角,舍内涡风区小

1.根据日照确定畜禽舍朝向

无论防寒、防暑,均以南向,偏东或偏西45°以内为宜。这种朝向的畜禽舍冬季纵墙(南墙)和屋顶接受较多的辐射热,夏季东西山墙接受日照多,故冬暖夏凉;东西向的畜禽舍则冬冷夏热。

2.考虑畜禽舍通风要求确定畜禽舍朝向

可向当地气象部门了解本地风向频率图,结合防寒防暑要求,确定通风所需适宜朝向。畜禽舍纵墙与冬季主风向垂直,通过门窗缝隙和孔洞进入舍内冷风渗透量大,对保温不利;纵墙与冬季主风向平行或形成0~45°夹角,冷风渗透量大为减少,有利于保温(图1-6)。

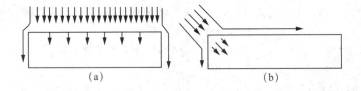

图1-6　畜禽舍通风所需朝向
(a)畜禽舍纵墙与冬季主风向垂直;(b)畜禽舍纵墙与冬季主风向平行或形成0~45°夹角

畜禽舍纵墙与夏季主风向垂直,则畜禽舍通风不均匀,窗墙间涡风区较大;畜禽舍纵墙与夏季主风向形成30°~45°角,涡风区减少,通风均匀,有利于防暑,排出污浊空气效果好。

(四)建筑物的间距

相邻两栋建筑物纵墙之间的距离称为间距。确定畜禽舍间距主要从日照、通风、防疫、防火和节约用地等多方面综合考虑。间距大,前排畜禽舍不会影响后排光照,并有利于通风、排污、防疫和防火,但势必增加占地面积。因此,要根据当地气候、纬度,以及场区地形、地势等情况,酌情确定畜禽舍的适宜间距。

1.根据日照确定畜禽舍间距

南排畜禽舍在冬季不能遮挡北排畜禽舍的日照,一般可按一年内太阳高度角最小的冬至日计算,保证冬至日 9—15 时这 6 h 内,畜禽舍南墙满日照,这要求间距不小于南排畜禽舍的阴影长度,而该阴影长度与畜禽舍高度和太阳高度角有关。经计算,南向畜禽舍当南排舍高(一般以檐高计)为 H 时,在北纬 40°地区(北京),畜禽舍间距约为 2.5H,北纬 47°地区(齐齐哈尔)则约为 3.7H。可见,在我国绝大部分地区,间距保持檐高的 3～4 倍时,可满足冬至日 9—15 时南向畜禽舍的南墙满日照。

2.根据通风要求确定畜禽舍间距

下风向的畜禽舍不能处于相邻上风向畜禽舍的涡风区内,这样,既不影响下风向畜禽舍的通风,又可避免上风向畜禽舍排出污浊空气的污染,有利于卫生防疫。据试验,当风向垂直于畜禽舍纵墙时,涡风区最大,约为其檐高 H 的 5 倍(图 1-7);当风向不垂直于纵墙时,涡风区缩小。可见,畜禽舍的间距取檐高的 3～5 倍时,即可满足畜禽舍通风排污和卫生防疫要求。

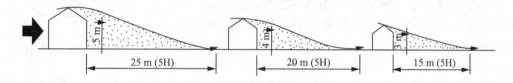

图 1-7 风向垂直于纵墙时畜禽舍高度与涡风区的关系

3.根据建筑物的材料、结构和使用特点确定防火间距

畜禽舍建筑一般为砖墙、混凝土屋顶或木质屋顶,耐火等级为二级或三级,参照我国建筑防火规范,防火间距以 6～8 m 为宜。

总之,畜禽舍间距不小于畜禽舍檐高的 3～5 倍时,即可基本满足日照、通风、排污、防疫、防火等要求。

五、畜禽场的公共卫生设施

(一)畜禽运动场及场内道路的设置

1.畜禽运动场的设置

家畜每日定时到舍外运动,其全身会受到锻炼和外界气候因素的刺激,可促进机体的各种生理机能,增强体质,提高抗病力。舍外运动能改善种公畜的精液品质,提高母畜的受胎率,促进胎儿的正常发育,减少难产。因此,有必要给家畜设置运动场,特别是种用家畜。

(1)运动场的位置 运动场应设在向阳背风的地方。一般利用畜禽舍间距,可在畜禽舍两侧分别设置;若地形限制,也可设在场内比较开阔的地方,但不宜距畜禽舍太远。

(2)运动场的面积和要求 在保证畜禽自由活动的同时,尽量节约用地,一般按每头家畜所占舍内平均面积的 3～5 倍计算(种鸡设置运动场按种鸡舍面积的 2～3 倍计算)。每头家畜的舍外运动场面积参考下列数据:成年奶牛 20 m²/头,青年牛 15 m²/头,带仔母猪 12～15 m²/头,种公猪 30 m²/头,2～6 月龄仔猪 4～7 m²/头,后备猪 5 m²/头,羊 4 m²/只。在封闭舍内饲养育肥猪、肉鸡和笼养蛋鸡一般不设运动场。

运动场常为水泥地面,平坦稍有坡度(1%～3%),以利于排水和保持干燥。四周设置围栏或墙,高度为:牛1.2 m,羊1.1 m,猪1.1 m,鸡1.8 m。各种公畜运动场的围栏高度可再增加20~30 cm,也可用电围栏。在运动场两侧及南侧设遮阴棚或种植树木,以遮挡夏季烈日,运动场围栏外侧应设排水沟。

2.场内道路的设置

场内道路要求短而直,保证场内各生产环节方便联系。生产区的道路应区分为净道(运送饲料、产品和生产联系)和污道(运送粪污、患病畜禽、畜禽尸体)。二者不得混用或交叉,以保证卫生防疫安全。管理区和隔离区分别设与场外相通的道路。场内道路应不透水,路面向一侧或两侧有1%~3%的坡度。要修成柏油路、混凝土、砖、石或焦渣路面。主干道与场外道路连接,其宽度应能保证顺利错车,宽度为5.5~7 m。支干道与畜禽舍、饲料库、产品库、贮粪场等连接,宽度为2~3.5 m,道路两侧应植树并设排水明沟。

(二)防疫沟的设置

为保证畜禽场防疫安全,避免污染,四周建较高的围墙或坚固的防疫沟(图1-8),以防场外人员及其他动物进入场区,沟内要放水。

在大门和各区域及畜禽舍的入口处,应设消毒设施,如车辆消毒池、人的脚踏消毒槽、喷雾消毒室和更衣换鞋间等。并安装紫外线灭菌灯,安全时间为3~5 min,最好在消毒室安装定时通过指示铃。

(三)场内的排水设施

一般在道路一侧或两侧设排水沟,其沟壁、沟底可砌砖和石,也可将土夯实做成梯形或三角形断面。最深处不超过30 cm,沟底应有1%~2%的坡度,上口宽30~60 cm。小型畜禽场有条件时,可设暗沟排水,但不宜与舍内排水系统的管沟通用,以防泥沙淤塞,影响舍内排污,防止雨季污水池满溢。

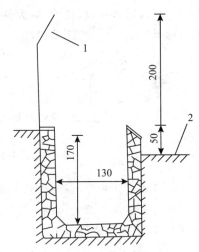

图1-8 外墙防疫沟断面图(单位:cm)
1.铁丝网;2.场地平地

(四)贮粪池的设置

贮粪池应设在生产区的下风处,与畜禽舍至少保持100 m的卫生间距(有围墙及防护设备时,可缩小为50 m),且便于粪的运出。贮粪池一般为深1 m,宽9~10 m,长30~50 m,水泥池底。各种畜禽所需贮粪池的面积为:牛2.5 m²/头,马2 m²/匹,羊0.4 m²/只,猪0.4 m²/头。

(五)畜禽场的绿化

在畜禽场中种植花、草、树木进行绿化,对改善场区小气候、防疫、防火具有重要意义。

1.改善场区小气候状况

(1)绿化可以明显改善畜禽场内温度状况 绿色植物对太阳辐射热的吸收能力较强,如单片树叶对太阳辐射热的吸收率可达50%以上。植物吸收的太阳辐射热大部分用于蒸腾和光合作用。绿色植物枝叶茂盛,吸热面积大,通常树林的叶片面积是地面积的75倍,草地叶片面积是地面积的25~35倍。绿色植物在蒸腾过程中除直接吸收太阳辐射热外,还从周围空气中吸收大量热能。所以,在炎热夏季,绿色植物能够减少地面对太阳辐射的吸收量,降低空气温度。在夏季,植被上方的气温通常比裸地上方的气温低 $3\sim5℃$。冬季绿地上方的最高气温及平均气温低于裸露地面,但最低气温高于裸露地面,从而缩小气温日较差,缓解寒冷程度。

(2)绿化可以明显增加畜禽场的湿度 植物根系具有吸收和保持土壤水分,固定土壤,防止水土流失的作用。植物枝叶的蒸腾作用能够增加空气湿度。绿色植物繁茂的枝叶能够阻挡气流,降低风速,使蒸发到空气中的水分不易扩散。所以,绿化区空气的湿度,包括绝对湿度和相对湿度,均普遍高于非绿化区。绿化区相对湿度通常比非绿化区高出 $10\%\sim20\%$,甚至可达 30%。

(3)绿化可以明显减少畜禽场气流速度 由于树木的阻挡及气流与树木的摩擦作用等,当气流通过绿化带时,被分成许多小涡流,这些涡流的方向不一致,彼此摩擦而消耗气流的能量,从而使气流的速度下降。在冬季,森林可使气流速度下降 20%,在其他季节,森林可使气流速度下降 $50\%\sim80\%$。因此,在冬季的主风向种植高大的乔木,组成绿化带,对于减少冷风对畜牧场的侵袭,形成较为温暖、稳定的小气候环境具有重要意义。

2. 净化空气环境

(1)吸收空气有害气体 据调查,有害气体经绿化区后,至少有 25% 被阻留净化,煤烟中的二氧化硫可被阻留 60%。畜禽场内畜禽数量多、密度大,在呼吸代谢过程中消耗的氧气量和排出的二氧化碳量都很大。粪尿、垫料和污水等废弃物在分解过程中可产生大量的具有刺激性和恶臭性的有害气体,如氨气、硫化氢等。绿色植物在光合作用中,能够大量吸收二氧化碳,释放氧气。因此,绿化畜禽场环境,即可减少空气二氧化碳含量,增加氧气含量。研究表明,绿色植物每生产 $1\ kg$ 干物质需要吸收 $1.47\ kg$ 二氧化碳,释放 $1.07\ kg$ 氧气。在生长季节,$1\ hm^2$ 阔叶林每天能吸收 $1\ 000\ kg$ 二氧化碳,释放 $730\ kg$ 氧气。畜禽场附近的玉米、大豆、棉花或向日葵都会从空气中吸收氨气以促其生长;一些植物如大豆、玉米、向日葵、棉花等在生长过程中能够从空气中吸收氨气以满足自身对氮素的需要,从空气中吸收的氨气量可以占到总需氮量的 $10\%\sim20\%$。所以,在畜禽场内及周围地区种植这些植物既可以降低场区氨气浓度,减少空气污染,又能够为植物自身提供氮素养分,减少施肥量并促进植物生长。

一些植物还具有吸收二氧化硫、氟化氢等有害气体的作用。树木对二氧化硫的吸收能力和抵抗能力因品种不同而有差异,即一些树木对二氧化硫的吸收能力较强但抵抗能力较差,另一些树木对二氧化硫的吸收能力和抵抗能力都较强,在选择绿化树种时应注意。女贞、柿树、柳杉、云杉、龙柏、臭椿、水木瓜、紫穗槐、桑树、泡桐等树木对二氧化硫既具有较强的吸收能力,又具有较强的抵抗能力,适合在二氧化硫污染地区栽种。树木对大气中氟化物的吸收净化能力很强,城市中每公顷森林吸氟量可达到 $3\sim20\ kg/d$。在通过宽约 $20\ m$ 的杂木林后,大气中氟化氢浓度比通过空旷地带降低 40% 以上。在正常情况下,植物体内含氟量很低,一般为 $0.5\sim25\ mg/kg$,但在环境污染区内,树叶中的含氟量可增加数百倍甚至数千倍。据测定,在磷肥厂烟囱附近的树林中,银桦树叶中含氟量为 $4\ 750\ mg/kg$,滇杨树叶中为 $4\ 100\ mg/kg$,垂柳叶中为 $1\ 575\ mg/kg$,桑叶中为 $1\ 750\ mg/kg$。研究发现,树木对氟的吸收能力和抵抗能力是一致的。因此,在氟污染区,可以种植花草树木,以降低空气氟含量。

(2)吸附空气灰尘 在饲料加工运输、干草及垫料的翻动运输、畜禽活动、清扫地面等许多生产过程中都会产生大量的灰尘,所以,畜禽舍和场区空气中的灰尘微粒含量往往较高,这不利于畜禽健康。绿色植物具有吸附和滞留空气灰尘微粒的作用。对畜禽场场区进行绿化,能明显减少空气微粒,净化空气环境。花草树木吸附空气灰尘和微生物的作用表现在:①树木枝叶茂密,一些植物叶片表面粗糙不平且密布绒毛,对空气微粒具有吸附作用;②一些植物的枝叶分泌油脂和黏液,增强植物对空气微粒和微生物的吸附作用;③绿色植物对地面具有覆盖和固着作用,可减少灰尘微粒的产生。据测定,绿化地带空气中的微粒含量一般比混凝土地面少1/3~1/2。另有资料表明,当空气通过由数行乔木组成的林带后,含尘量明显降低。其中,树林对降尘的阻滞率为23%~52%,对飘尘的阻滞率为37%~60%。在夏季,空气穿过林带时,微粒量下降35.2%~66.5%。乔灌木结合式林带的降尘效果明显好于乔木林带。

(3)减少空气微生物含量 空气中的微生物往往附着在灰尘等空气微粒上并随之漂浮、传播。花草树木吸附空气尘粒,空气中的微生物因失去了附着物而数量减少。植物在生长过程中不断地从油腺中分泌出具有香味的挥发性物质,如香精油(萜烯)、乙醇、有机酸、醛、酮、醚等,这些芳香性物质具有杀菌作用,人们将其称为植物杀菌素。植物杀菌素对结核、霍乱、赤痢、伤寒等病原体杀灭作用尤为明显。植物杀菌素可使流经绿化带的空气和水中细菌数量显著减少。植物杀菌素在高等植物组织中普遍存在,一般在树木中的含量为0.5%左右,松科、桃金娘科(桉树类)、樟科、芸香科、唇形科树木植物杀菌素含量最高,有的可超过1%。此外,油松、白皮松、云杉、核桃等树木的杀菌能力也较强。花草树木的杀菌效果极为明显,根据资料显示,气流通过绿化带后,空气微生物含量减少21.7%~79.3%。对我国城市空气中细菌含量的测定发现,随着绿化程度的提高,空气细菌含量逐渐减少。未绿化的公共场所空气中的细菌含量为4万~5万个/m³,而绿化较好的公园为1 000~6 000个/m³,植物园为1 000个/m³。另据测定,受污染的水流经宽度为30~40 m的松林后,大肠杆菌数量减少了1/18。

3.防疫防火、降低噪声

在畜禽场周围及场内各区之间种植林带,能有效地防止人员、车辆随意穿行,使各区之间相互隔离。植物净化空气环境、杀灭细菌及昆虫等作用均可减少病原体传播的机会,对于防止疫病发生和传播具有重要意义。由于树木枝叶含水量大,加之绿色植物所具有的固水增湿、降低风速等作用,因此,畜禽场环境绿化对于防止火灾发生和蔓延具有重要作用。

树林可以降低畜禽场噪声,其原因是树木枝叶稠密且轻盈柔软,声波遇到柔软的表面后,能量大部分被吸收,导致森林对声波反射作用减弱。树木轻软的枝叶在随风摆动的过程中对声波具有扰乱和消散作用。树干表面粗糙,能吸收声波,树干圆柱体的外形则将声波向各个方向反射,因而,也具有降低噪声的作用。据美国林业部门研究证明,宽30 m的林带可减少噪声7 dB,乔木、灌木和草地相结合的绿地,可降低噪声8~12 dB。林带的消音功能与其宽度、枝叶的茂密程度有关。据研究,最佳的消声林带是乔木与灌木结合,林带间有一定距离并有一定数量的常绿树种。

(六)畜禽场绿化带的设置

1.畜禽场绿化带的种类及特点

(1)场界绿化带 在畜禽场场界周边以高大的乔木或乔灌木混合组成林带。该林带一般由2~4行乔木组成。在我国北方地区,为了减轻寒风侵袭,降低冻害,在冬季主风向一侧应加宽林带的宽度,一般种植树木应在5行以上,宽度应达到10 m以上。场界绿化带的树种以高大挺拔且枝叶茂密的杨树、柳树、榆树或常绿针叶树木等为宜。

（2）场内隔离林带　在畜禽场各功能区之间或不同单元之间，一般以乔木和灌木混合组成隔离林带，防止人员、车辆及动物随意穿行，避免病原体传播。这种林带一般中间种植1～2行乔木，两侧种植灌木，宽度以 3～5 m 为宜。

（3）道路两旁林带　位于场内外道路两旁，一般由 1～2 行树木组成。树种应选择树冠整齐美观、枝叶开阔的乔木或亚乔木，例如槐树、松树、杏树等。

（4）运动场遮阴林带　位于运动场四周，一般由 1～2 行树木组成。树种应选择树冠高大、枝叶茂盛开阔的乔木。

（5）草地绿化　畜禽场不应有裸露地面，除植树绿化外，还应种植花草。

2.绿化植物的选择

我国地域辽阔，自然环境差异很大，因此，在绿化植物的选择上，不但应充分考虑植物的适应性，因地制宜地选择适合当地自然条件的树种，而且应尽量选择抗污染、吸收有害气体或具有杀菌能力且无毒无害的植物。现列举一些常见的植物以供参考。

（1）树种　有洋槐树、法国梧桐、小叶白杨、毛白杨、加拿大白杨、钻天杨、旱柳、垂柳、榆树、榉树、朴树、泡桐、红杏、臭椿、合欢、刺槐、油松、桧柏、侧柏、雪松、樟树、大叶黄杨、榕树、桉树、银杏树、樱花树、桃树、柿树等，树种因地域差别而适当选择。

（2）绿篱植物　常绿绿篱可用桧柏、侧柏、杜松、小叶黄杨等；落叶绿篱可用榆树、鼠李、水蜡树、紫穗槐等；花篱可用连翘、太平花、榆叶梅、珍珠梅、丁香、锦带花、忍冬等；刺篱可用黄刺梅、红玫瑰、野蔷薇、花椒、山楂等；蔓篱则可选用地锦、金银花、蔓生蔷薇和葡萄等。绿篱植物生长快，要经常整形，一般高度以 100～120 cm 为宜，宽度以 50～100 cm 为宜。无论何种形式都要保证基部通风和足够的光照。

（3）牧草　有紫花苜蓿、红三叶、白三叶、黑麦草、无芒雀麦、狗尾草、羊茅、苏丹草、百脉根、草地早熟禾、燕麦草、垂穗披碱草、串叶松香草、苏丹草等。

（4）饲料作物　有玉米、大豆、大麦、青稞、燕麦、豌豆、番薯、马铃薯等。

项目小结

本项目介绍了现代畜禽场的特点、良好的畜禽场环境应满足的条件、畜禽场分区规划原则；重点讲述了畜禽场选址应考虑的自然条件和社会条件、畜禽场功能区及其划分方法、畜禽场建筑物的排列方法。要求学生了解现代畜禽场的特点、良好的畜禽场环境应满足的条件、畜禽场分区规划原则；掌握畜禽场选址应考虑的条件、畜禽场功能区及其划分方法等。同时，也介绍了猪、鸡、牛生产的工艺流程，畜禽场建筑物的朝向和间距确定；重点讲述了畜禽场公共卫生设施的设置要求和畜禽场的绿化。要求学生了解猪、鸡、牛生产的工艺流程，熟悉畜禽场建筑物的朝向和间距确定，掌握畜禽场公共卫生设施的设置要求。

学习思考

1.现代化畜禽场应具有哪几个特点？

2.良好的畜禽场环境应具备的条件有哪些？

3.畜禽场选址应考虑的自然条件和社会条件各有哪些?

4.畜禽场的分区规划原则是什么?

5.畜禽场通常可分为哪几个功能区?

6.畜禽舍建筑物的排列可分为哪几种形式?

7.简述猪、鸡生产工艺流程。

8.如何确定畜禽舍的朝向和间距?

9.畜禽场公共卫生设施的设置有何要求?

10.畜禽场的绿化主要包括哪些方面?

项目二　畜禽舍设计与建造

【项目导入】

畜禽舍设计包括建筑设计和技术设计,应满足畜禽对环境的要求和饲养管理对技术的要求,设计时还应考虑当地气候、建材、施工习惯、施工期等。畜禽舍建筑设计的任务在于确定畜禽舍的样式、结构类型、尺寸、所需材料性能等;畜禽舍技术设计包括结构设计以及给排水、采暖、通风、供电等的设计,这些设计都需要按建筑要求进行。设计是否合理关系到畜禽舍安全和使用年限,也对畜禽舍的小气候有着重要影响。

【知识储备】

一、畜禽舍设计原则

①满足畜禽的生活和福利需要。畜禽舍要有良好的小气候环境,冬季保暖,夏季凉爽,并保持干燥。

②满足畜禽舍的正常采光和良好通风。

③有完善的舍内卫生设备以及充足的饮水,有提供生产管理用水的设施以及排出污水的设施。

④保障正常生活和生产的畜禽所需要的面积,畜禽舍各部结构设计合理。

⑤便于操作及提高劳动生产率。

⑥适合工厂化生产的需要,有利于集约化经营管理,便于机械化、自动化操作并留有余地。

⑦经济原则。因地制宜,就地取材,降低建筑造价。

⑧符合总体规划和建筑美观的需要。

二、畜禽舍设计方法

(一)畜禽舍类型和方位选择

应根据不同类型畜禽舍特点,结合当地气候特点、经济状况及建筑习惯全面考虑,选择适合本地和本场实际的畜禽舍类型。例如,经济、技术力量雄厚的大型畜禽场,可选用无窗式畜禽舍;有窗式封闭式畜禽舍,跨度可大可小,适合各气候区、各种规模和各种畜禽舍。

畜禽舍的方位(朝向)直接影响畜禽舍的温度、采光及通风排污等。由于我国地处北纬

20°～50°之间,太阳高度角冬季小,夏季大,畜禽舍朝向均以南向或南偏东、偏西45°以内为宜,并兼顾地形及其他条件。

(二)畜禽舍面积确定

应根据饲养规模、饲养方式(普通地面平养、漏缝地面平养、网养、笼养等)、自动化程度(机械化或手工操作),结合畜禽的饲养密度标准,确定拟设计畜禽的建筑面积。

(三)外围护结构设计

外围护结构主要包括墙壁、屋顶、天棚、门、窗、通风口及地面等。设计时应满足保暖防寒、隔热防暑、采光照明、通风换气等要求。

(四)畜禽舍内部设计

畜禽舍内部设计包括栏圈、笼具的布置和排列,通道、粪尿沟、排水沟、饲槽、饮水器等设施和设备的安排及舍内附属房间的配置等。应保证畜禽舍内饲养管理方便,符合畜禽生活和生产要求,建筑设计应尽量节约面积、降低造价、方便施工。

1. 畜禽舍的平面设计

根据每栋畜禽舍的可容畜禽头(只)数、饲养管理方式、当地气候条件、建筑材料和习惯等,合理安排和布置栏圈、笼具、道路、粪尿沟、食槽、附属房间等,计算出畜禽舍跨度、间距和长度,绘出畜禽舍平面图。

(1)栏圈和笼具的布置　一般沿畜禽舍长轴纵向排列,可分为单列式、双列式和多列式。排列数越多,畜禽舍跨度越大,梁或屋架材料的规格越高,越不利于通风和采光。若排列数多,可通过减少通道来节约建筑面积和外围护结构面积,并有利于畜禽舍保温。有些畜禽舍如笼养育雏舍、笼养兔舍等,也有沿畜禽舍短轴(跨度方向)布置笼具的,其自然采光和通风效果好,但通道过多,会加大建筑总面积。生产中采用何种排列方式,应根据场地面积、建筑、人工照明、机械通风、供暖降温条件等确定。

计划采用工厂生产的定型栏圈、笼具,应根据每栏(笼)容纳畜禽数和每栋畜禽舍的畜禽总数计算出所需栏(笼)数,按确定的排列方式,考虑到通道、粪尿沟、食槽、水槽、附属房间等的设置,即可初步确定畜禽舍跨度、长度,绘出平面图。栏圈不是定型产品,为保证畜禽采食时不拥挤,减少争斗,则须根据每圈头数和每头采食宽度,来确定栏圈宽度。

(2)舍内通道的布置　沿长轴纵向布置栏圈或笼具时,饲喂、清粪及管理通道一般也纵向布置,其宽度应根据用途、使用工具、操作内容等酌情而定。若双列或多列布置时,靠纵墙布置栏圈或笼具,可节省1～2条通道,但受墙面冷辐射或热辐射的影响较大。较长的双列或多列式畜禽舍,每30～40 m应设1个沿跨度方向的横向通道,其宽度一般为1.5 m,牛舍、马舍为1.8～2 m。

(3)粪尿沟、排水沟及清粪设施的布置　拴系或固定栏架饲养的牛、马、猪舍及笼养的鸡(猪)舍,因排泄粪尿位置固定,应在畜床后部或笼下设粪尿沟。猪舍也可与清粪通道结合设排粪区,在排粪区设25～30 cm宽的通长地沟,上盖铁算子,训练猪养成“定位采食、定位休息、定位排泄”的生活习惯。排粪区的隔栏做成可开关的门,猪采食时,可将门关闭,排粪区变成清粪通道,用手推车清粪。这样的猪栏不靠墙,有利于改善猪栏环境。排粪区也可供猪活动,故躺卧区面积可适当减小。笼养鸡舍采用自流水槽时,可在横向通道上设通长地沟,上盖铁箅子,以排出各排鸡笼水槽的水。

(4)畜禽舍附属房间的设置　畜禽舍一端常设饲料间,能存放 3～5 d 的饲料,牛舍还应设草棚,存放当天的青贮饲料、青绿饲料或多汁饲料。为加强管理,在饲料间对面还应设饲养员值班室(特别是产仔室和幼畜禽舍)。奶牛舍一般还应设真空泵房和奶桶间等。附属房间设在畜禽舍靠场内净道的一端,长度较大的畜禽舍,也可设在畜禽舍的中部,以方便管理。

2.畜禽舍的剖面设计

畜禽舍的剖面设计主要确定畜禽舍各部位、各种结构配件、设备和设施的高度尺寸,并绘出剖面图和立面图。畜禽舍高度除取决于自然采光和自然通风外,还要考虑当地气候和防寒、防暑要求,同时也与跨度有关。寒冷地区檐下高度以 2.2～2.7 m 为宜,跨度为 9 m 以上的畜禽舍可适当加高;炎热地区檐下高度以 2.7～3.3 m 为宜。舍内地面高度,一般应比舍外地面高 30 cm,场地低洼时,可提高到 45～60 cm。畜禽舍大门前应设坡道(坡度不大于 15%),以保证畜禽和车辆进出,不能设台阶。舍内地面的坡度,一般畜床要保证 2%～3%,以防畜床积水潮湿;厚垫草平养的畜禽舍,地面应向排水沟有 0.5%～1% 的坡度,以便清洗消毒时排水。饲槽、水槽和饮水器设置高度及畜禽舍隔栏(墙)高度,因畜禽种类、品种、年龄不同而异。

(1)饲槽、水槽和饮水器的设置　饲槽和水槽的设置高度,鸡舍一般为槽上缘与鸡背同高;猪、牛舍为槽底与地面同高或稍高于地面;饮水器距地面高度为:仔猪 10～15 cm,育成猪 25～35 cm,育肥猪 30～40 cm,成年母猪 45～55 cm,成年公猪 50～60 cm。如果饮水器装成与地面呈 45°～60°角,应距地面高 10～15 cm,即可供各种年龄的猪使用。

(2)隔栏(墙)的设置　平养成年鸡舍的隔栏高度要在 2.5 m 以上,常用铁丝网或尼龙网制作。猪栏高度一般为:哺乳仔猪 0.4～0.5 m,育成猪 0.6～0.8 m,育肥猪 0.8～1 m,空怀母猪 1～1.1 m,怀孕后及哺乳母猪 0.8～1 m,公猪 1.3 m,成年母猪 1.3～1.5 m。

三、不同地区畜禽舍建筑设计特点及要求

各地畜禽舍建筑要结合当地的气候特点进行必要的调整。炎热地区需要通风、遮阳、隔热、降温;寒冷地区需要保温、防寒;沿海台风强大,多雨潮湿,需要防风、防潮;高原日照强烈,气候干燥,需要防晒、抗旱。

(一)北方

北方指秦岭—淮河一线以北,主要包括东北、华北、西北,以及华东、华中部分地区。

1.防寒与保温

北方寒冷期长,关键要防寒保暖,为减少热损耗,畜禽舍在平面布置和空间布置上应尽量减少外围墙面积。在室内空气状况良好的条件下,适当降低舍内高度。南向外墙可采用保温的墙体结构(如空心墙、填充墙)或用热工性能较好的材料和保温砂浆砌筑。坡面屋顶设天棚,屋顶应避免融雪期间的水渗透及檐口结冰柱产生的影响。北向外墙少开门窗,可采用双层窗,窗缝封闭严密。门设有防风保温措施,如设门斗或采用双道门。迎风墙面不设畜禽出入的大门。

2.防风沙

西北地区春季多风沙,为防沙尘入舍,外窗窗扇四周加密封条(木盖条或绒毡衬垫等)。

3. 防冻

本地冻土深 1～3 m 及以上,须增加基础埋深,或采取其他防冻措施。内外墙、南北墙附近的土壤冻层深度不同,墙基埋深要分别对待。因冰冻期长,一般冬季不进行畜禽舍施工。

4. 防碱

宁夏、甘肃、河南、山东等部分地区多碱土,对畜禽舍墙基有腐蚀作用,应采取措施防御。此外,西北渭河河谷及河南西北部一般为大孔黄土层,有湿陷性,应加以防范。冻土各地差异较大,其变幅为 0.2～1.4 m,须酌情分别采取措施。

(二)南方

南方指秦岭—淮河一线以南,主要包括华南以及华中、华东、西南(不含西藏地区)部分地区。

1. 通风、隔热与遮阳

在南方,畜禽舍的平面、剖面和门窗构造要利于夏季的自然通风。一般畜禽舍均应有直接对外的通风口,必要时采取机械通风,屋顶应注意隔热设计。西墙有隔热措施并少开门窗,若条件限制不能避免西晒时,应采取垂直绿化和遮阳措施,或加厚墙身,筑空心墙,避免太阳辐射侵入舍内。

2. 避雨防潮

屋顶须进行严密有效的防水处理,屋顶坡度一般不小于 25%,屋顶的排水应能适应本地雨季长且雨量大的特点。外墙能防雨水渗透,外门设雨棚以挡雨水,墙基有防潮层,室内地面应高出舍外地面 30～45 cm 及以上。地下水位高,不采用地下建筑,地下管道应有严密的防水措施。

3. 防风、防雷

在沿海大风地区,应减少建筑物的受风面积,畜禽舍或其他建筑物的短轴与大风垂直,长轴与大风平行。对门、窗、天窗或易受风折损的舍外部件,在构造上加以巩固。开放舍、半开放舍或其他辅助房间,应注意强大气流直接冲击或吸力作用,防止舍顶被掀去。畜禽舍还应有防雷措施。

四、设计图的绘制

(一)基本知识

建筑工程图是一种用图形精确表示某种技术构思或意图的语言。图中一定的形象表示一定的物体,并注有尺寸,按国家公认的规则、符号、图形进行绘制。建筑图作为"工程技术语言",应使设计制图者以外的人看懂,以便施工和技术交流。现将建筑制图标准的主要内容简介如下:

1. 线条

图形是由各种不同粗细的线条组成。常用的有:实线、虚线、对称轴线等。图纸中根据某一物体投影时,物体的全部可见轮廓用实线表示;不可见轮廓部分用虚线表示;拟建的建筑物亦多用虚线表示;对称的物体则用对称轴线表示。表示尺寸时,另用尺寸线。

2. 比例

建筑物的实际尺寸很大,不可能按实际尺寸画在纸上,一般牧场总平面图多用 1∶500、

1∶1 000、1∶2 000 的比例尺。畜禽舍的平面图、剖面图、立面图多用 1∶100、1∶200 的比例尺。工程图上尺寸的大小是用尺寸线标志的,尺寸线的两端用箭头或圆点或短划来表示尺寸的起点和终点,在尺寸线的中央和上方注明实际尺寸的数字。建筑物各部高度尺寸的表示,一般以室内地面高度为零,用三角形尖端标出各部的实际高度。直径尺寸在数字前加"ϕ";半径尺寸加"R"。

3.图例

图例是用特定的符号图例构成的。看图必须懂得图例,明白每个线条每个符号的意义,才能清楚地了解建筑物的结构、配置等情况。

4.等高线

等高线用来表示地形的高低起伏。它是连接地面上高度相同的各点所组成的线。它是不规则的曲线,其形状随地形而变。等高线的特点如下:

①同一等高线上的各点高度相等。

②每一等高线自行闭合,或在此图范围内闭合,或在此图以外闭合。

③等高线越密表示地形越陡;越疏则越平坦;各等高线间水平距离相等者,表示地形坡度均匀。

④观察具有等高线的地形图,不仅可以了解地形的起伏,而且可以计算该地的平均坡度。

5.图幅

图幅即图纸的大小,建筑图幅须符合规定,图幅规定见表1-8。每张图纸的右下角要绘出标题栏,又称图标。栏中注明工程名称、图纸名称、图纸编号、设计单位及有关人员(设计、制图、审核等)签名。此外,建筑、结构、设备等各设计工序之间必须相互关联、配合,因此,每张图纸都必须经各工种设计人员过目,并在图纸左上角签名栏内签字。

表 1-8　图幅规定表　　　　　　　　　　　　　　　　　　cm

编号	0	1	2	3	4
图幅(长×宽)	1 189×841	841×594	594×420	420×297	297×210
图线与纸边	10			5	
预留宽度	25				

6.比例

建筑物形体很大,不可能按实际尺寸制图,除个别构件详图外,一般都须按一定比例缩小绘制。比例一律用阿拉伯数字表示,并在图形下面或详图标志右侧注写。整张图纸中只用一种比例时,也可在图标中的图名栏目内注明。

7.字体

建筑图的文字、符号、字母代号均应从左到右横向书写,并注意标点符号要清楚。中文书写应使用仿宋字、阿拉伯数字和汉语拼音字母。

8.图线

建筑图是由不同形式、不同粗细的图线组成的。

9.标高符号

标高符号是表示某部位高度的符号。除在总平面图中表示室外整平标高时采用全部涂黑的三角形外,其他图一律采用图的符号。标高数字一律用 m 作单位(精确至小数点后 3 位),零点标高注为±0.000,正数标高前不加正号,负数标高前必须加符号。

10.索引标志

图中某一部分或构件另有详图时,用引出线(细实线)标注详图索引。详图索引标志以直径为 8～10 mm 的单圆圈表示。被索引的详图下须用外细内粗的双圆圈详图标志表明。内圈直径为 14 mm,外圈直径为 16 mm,以便按详图索引查找该详图。

11.指北针

在总平面的右上角绘出指北针,其直径为 25 mm,指北针下端宽度为圆圈直径的 1/8。

(二)设计图的种类

1.总平面图

总平面图表明一个工程的总体布局,主要表示原有和新建畜禽舍的位置、标高、道路布置、构筑物、地形、地貌等。总平面图是新建畜禽舍定位、施工放线、土方施工等的依据。其基本内容包括:

①表明新建筑区的总布局,如批准地号范围,各建筑物及构筑的位置、道路、管网的布置等;

②确定建筑物的平面位置;

③表明建筑物首层地面、室外地坪、道路的绝对标高,以及土方填挖、地面坡度和排水方向;

④用指北针表示房屋的朝向,用风向频率图表示常年风向频率和风速;

⑤根据工程的需要,有时还有水、暖、电等管线总平面图,各种管线综合布置图,竖向设计图,道路纵剖面图以及绿化布置图等。

2.平面图

平面图主要表示畜禽舍占地大小、内部分割、房间大小、墙体厚度,以及走道、门、窗、台阶等局部位置和大小等。一般施工放线、砌砖、安装门窗等都用平面图。内容如下:①表示建筑物的形状、内部布置和朝向;②建筑地面标高;③建筑物的结构形式及主要材料;④门窗、过梁的编号及门的开启方向;⑤表明剖面图、详图、标准配件的位置及其编号;⑥综合反映工艺、水、暖、电对土建的要求;⑦舍内地面、墙面、天棚等所用材料及做法;⑧文字说明。

3.立面图

立面图表示畜禽舍建筑物的外观形式、装修及使用材料等。一般有正、背侧 2 种立面图。应与周围建筑物协调配合。

4.剖面图

剖面图主要表明建筑物内部在高度方面的情况,如屋顶的坡度、门窗各部分的高度。剖面应选择有代表性、空间变化比较复杂的位置。在畜禽舍的平面图中被切到的部分轮廓线一般用粗实线表示,而未被切到但可见的部分,其轮廓线用细实线表示。为表明建筑物平面图或剖面图切面的位置,一般在另一张图纸上画有切面位置线。

5.详图

详图是某些建筑物的主要构筑部分或细致结构,另绘制放大成各类的尺寸详细图,其清晰详细,便于施工。

五、畜禽舍建筑设计

(一)鸡舍建筑设计

1.开放型鸡舍

(1)鸡舍特点 开放型鸡舍采用自然通风、自然采光和太阳辐射、畜禽机体代谢热采暖等。鸡舍侧壁上半部全部敞开,一般为半透明的或双幅塑料编织布做的双层帘或双层玻璃钢多功能通风窗,是南北两侧壁围护结构,通过卷帘机或开窗机控制启闭开度和檐下出气孔组织通气换气。利用出檐效应和地窗扫地风及上下通风对流,达到降温目的。通过接收太阳辐射能的温室效应和内外两层卷帘或双层窗的保温性能,达到冬季增温和保温效果。

(2)适应范围 无论是鸡蛋、肉鸡,还是不同养育阶段的鸡(雏鸡、育成鸡和产蛋鸡),开放型鸡舍在全国各地鸡场均适应。在太阳能资源充足的地区冬季保温效果最佳。

(3)效益情况 与传统封闭舍相比,开放型鸡舍土建投资节约 1/4～1/3。用电量为封闭舍的 1/20～1/5。

(4)鸡舍建筑结构 有 2 种构造类型:砌筑式开放型鸡舍有轻钢结构大型波状瓦屋面,钢混结构平瓦屋面,砖拱薄壳屋面,混凝土结构梁、板柱、多孔板屋面,还有高床、半高床、多跨多层和连续结构的开放型鸡舍;装配式开放型鸡舍复合板块的复合材料和芯层材料也有多种,其配件由专业厂家生产。

(5)鸡舍规格 开放型鸡舍建筑跨度均为 8 m,高度为 2.6～2.8 m,3 m 开间,鸡舍的长度与成年鸡舍容量所定的鸡位数相应配套。如按 3 层鸡笼、2 列整架、3 条走道布列,为 5 375 个鸡位。育雏舍长为 33 m,育成舍长为 54 m。

2.封闭型鸡舍

封闭型鸡舍的采光、通风、温控、湿控多为人工控制。常见的有 3 层和 4 层高密度高床笼养。其光照采取人工照明,免受自然光干扰,根据产蛋曲线控制光照。通风系统开口采用纵向通风,风机安装孔洞、应急窗、进气口等均需要有遮光装置,以便有效控制鸡舍光照。

另外,采用每日清粪,及时烘干防止恶臭,使用乳头饮水器等措施控制好鸡舍环境。

3.设计规模

某商品蛋鸡场,其管理定额为每人饲养蛋鸡 5 000～6 000 只,则每栋蛋鸡舍容量就应为5 000～6 000 只,或为其倍数,全场规模也应是管理定额的倍数。此外,鸡场规模还应考虑蛋鸡舍与其他鸡舍的栋数比例,以提高各鸡舍利用率,防止出现鸡群无法周转的情况。蛋鸡生产一般为三阶段饲养:育雏阶段一般为 0～6 或 7 周龄;育成阶段一般为 7 或 8 周龄至 19 或 20周龄;产蛋阶段一般为 20 或 21 周龄至 72 或 76 周龄。为便于防疫和管理,应按三阶段设 3 种鸡舍,实行"全进全出制"的转群制度,每批鸡转出或淘汰后,对鸡舍和设备进行彻底清洗和消毒,并空舍一段时间后再进新鸡群。工艺设计应调整每阶段的饲养时间(饲养日数加消毒空舍日数)恰成比例,就可使各种鸡舍的栋数也恰成比例。表 1-9 所示为蛋鸡场鸡群周转计划和鸡舍比例的 2 种方案,以供参考。

表 1-9　蛋鸡场鸡群周转计划和鸡舍比例方案举例

方案	鸡群类别	周龄	饲养天数/d	消毒空舍天数/d	占舍天数/d	占舍天数比例	鸡舍栋数比例
I	雏　鸡	0～7	49	19	68	1	2
	育成鸡	8～20	91	11	102	1.5	3
	产蛋鸡	21～76	392	16	408	6	12
II	雏　鸡	0～6	42	10	52	1	1
	育成鸡	7～19	91	13	104	2	2
	产蛋鸡	20～76	399	17	416	8	8

(二)牛舍建筑设计

1.奶牛舍

(1)奶牛舍样式　有双坡对称式、双坡不对称钟楼式和双坡对称钟楼式。

①双坡对称式:夏季门窗面积增大可增强通风换气量,冬季门窗关闭有利于保温,该种牛舍建造简单,投资较小,可利用面积大且较为适用。

②双坡不对称钟楼式:该种牛舍的舍内采光及防暑功能均优于双坡式牛舍,但构造比较复杂。

③双坡对称钟楼式:该种牛舍的天窗可增加舍内光照,有利于舍内空气对流,夏季防暑较好;冬季天窗失热较多,不利于防寒保温。其构造复杂,造价高。

(2)牛舍内平面布局　成年奶牛舍牛床排列有单列、双列和四列等。双列排列又分为对尾式和对头式,对尾式中间有除粪通道,两边各有一条饲喂通道。如一栋 102 头牛床位的牛舍,舍内双列对头饲养,管道式机械挤奶,挤出的奶通过计奶器直接送入自动制冷奶罐,牛舍面积为86.69×12＝1 040.28 m²。

产牛舍和犊牛舍:产牛舍床位应占成年奶牛头数的 10%～15%,一般产牛舍多与犊牛的保育间合建为一栋,在舍内隔开,相对独立。犊牛出生后立即离开母牛,为便于隔离运送和哺喂初乳,也可与哺乳期犊牛合建一栋,在舍内隔开为一单元。犊牛舍可在舍内设犊牛笼或采用组装移动犊牛饲养栏,一犊一栏可拆卸,可任意变动饲养位置。青年牛舍、育成牛舍要能防寒防暑,且可舍内拴系饲养及刷拭。

(3)散放式饲养牛舍　主要包括休息区、饲喂区、待挤区和挤奶区等。母牛可在休息区和饲喂区自由活动,在挤奶区集中挤奶。其优点为劳动生产率高,管理定额高,能有效地利用挤奶器集中挤奶,有利于提高奶的质量。其缺点为不易做到个别饲养和管理,使共用饲槽和饮水设备传染疾病的机会增多。散放式饲养牛舍的形式可分为房舍式、棚舍式和荫棚式 3 种。

(4)牛舍内设施　牛舍内地面为混凝土,有利于洗刷消毒,在牛床和牛进出通道划线防滑。缺点是导热性强,冬季需要铺垫草,肢蹄发病率高。牛床的长度根据牛体型大小和拴系方式可分为长牛床、短牛床。使用长牛床饲养的牛有较大的活动范围,牛床自饲槽后沿至排尿沟,长为 1.95～2.25 m,宽为 1.3～1.6 m。短牛床适用于一般母牛,附有短链,牛床长为 1.6～1.9 m,宽为 1.1～1.25 m。也可采用具有宽粪沟的短牛床,将粪沟用栅格板盖上,减少粪便对牛床的污染,牛床坡度为 1%～1.5%。

饲料通道应便于饲料运送和分发,饲料通道加高 30～40 cm,前槽檐高 20～25 cm(靠牛床),槽底高出牛床 10～15 cm。这样有利于饲料车运送饲料,饲喂省力,牛采食不"窝气",通风好。

2.肉牛舍

肉牛舍为有窗式封闭式牛舍,一般采用拴系饲养。成年牛舍中单列适用于小型牛场(小于25头),跨度小,易建造,通风好,但散热面积大。双列舍有 2 排牛床,100 头左右建一栋牛舍,分成左右 2 个单元,跨度为 10～12 m,能满足自然风的要求。基础深 80～130 cm,墙壁、砖墙厚 25～38 cm。墙裙高 100 cm,屋檐距地面 280～330 cm,通气孔设在屋顶,高于屋脊 0.5 m,或在房顶上设活门,可自由启闭。

(三)猪舍建筑设计

1.猪舍建筑应具备的基本条件

猪的潜在生产性能是否能得到充分发挥,与猪舍建设密切相关。

(1)符合猪的生物学特性要求　猪对冷、热、干、湿、风、雨等条件变化的耐温性不如牛、羊,一般舍温最好保持在 10～25℃,相对湿度以 45％～75％为宜,并保持空气清新,光照充足。只有这样才能保证猪群健康,促进其生长发育,提高猪群生产性能,激发种公猪旺盛的繁殖机能。

(2)适应当地的自然气候和地理条件　我国幅员辽阔,南部地区雨量丰富,气候炎热,要注意防潮防暑;北部地区干燥寒冷,应注意保暖通风;沿海多风,应加强猪舍的坚固性和防风设计;山高风大多雪,应注意舍顶坚固厚实。

(3)便于实行科学饲养管理　在建造猪舍时,应充分考虑方便操作,降低劳动强度,提高管理定额。每头猪所需栏圈面积,须根据不同猪群生产和生理特点,大致可参照表 1-10 的数据来确定。

表 1-10　各类猪群每头猪所需栏圈面积数

猪群类别	单圈饲养每头所需面积/(m²/头)	群饲	
		每头所需面积/(m²/头)	每栏饲养头数/(头/栏)
成年公畜	6～3	3～5	3～5
小公畜	—	2～3	5～10
妊娠 1～3 个月的基础母畜	—	1～2	3～6
妊娠 4 个月的基础母畜	5～6	2～3	2～3
分娩母猪	5～6	—	—
哺乳母猪	5～6	3～4	2～3
2～4 月龄断奶仔猪	—	0.2～0.3	10～15
5～10 月龄青年猪	—	0.3～0.6	5～10
育肥猪	—	0.5～1	5～10

2.猪舍类型

用于养猪生产的各种猪舍类型繁多,但综合其主要优点及构造归纳如下。

(1)按屋顶形式分类　可分为坡式、拱式和半钟楼式。

①坡式。a.单坡式:猪舍屋顶由一面斜坡构成,构造简单,屋顶排水好,通风透光好,投资

少,但冬季保温性差,多为农村养猪采用。b.不等坡式:优缺点基本与单坡式相同,但保温性稍好,投资较多,使用广泛。c.等坡式:建材要求较高,多为大跨度猪舍采用,使用最为广泛,优点大致与不等坡式相似。

②拱式。不需要木、瓦、铁钉等材料,但设计结构严格,否则会"夏热冬冷",若采用我国近年来烧制的"花心拱壳砖",可为其"冬暖夏凉"创造有利条件。

③半钟楼式。在大屋顶上另建一个小屋顶,北面顺大屋顶后坡延伸而下,南面在小屋顶高起部分设一列可转动的玻璃窗扇,供靠北墙一列猪栏采光和整个猪舍通风换气。其夏季比较凉爽,但冬季和早春保温差。目前,北京郊区新建多列猪舍多采用这种形式,一般不设前后运动场。

(2)按猪栏排列分类 可分为单列式、双列式和多列式。

①单列式。猪栏排成一列,猪舍靠北墙有设与不设工作走廊之分,通风采光好,保温防湿,空气清新,构造简单,一般猪场多采用此形式。

②双列式。在舍内将猪栏排成两列,中间设工作通道,多为封闭舍。管理方便,保温良好,便于实行机械化,猪舍建筑利用率高;但采光差,易潮湿,猪舍不安静,建造复杂,一般适用于饲养育肥猪。

③多列式。猪栏排列在三列以上,但以四列居多。猪栏集中,运输线短,养猪工作效率高,散热面积小,冬季保温好;但构造复杂,采光不足,阴暗潮湿,易传染疾病,建筑材料要求高,投资多等,适用于大群饲养育肥猪。

3.不同猪舍的建筑要求

小型养猪场一般多修建成混合型,可饲养各种猪群,或建同一种猪舍供各种猪群饲养使用。中型猪场应按猪群的性别、年龄、生产用途,分别建造各种专用猪舍,如母猪舍、综合母猪舍和育肥猪舍等。

(1)母猪舍的建筑 又分哺乳母猪舍、妊娠母猪舍、后备母猪舍。其各具特点,并有严格的要求。如哺乳母猪舍要求保温良好,设有防压措施和仔猪补饲栏等设施,还要有良好的环境条件。

①双列哺乳母猪舍。建筑面积利用率高,有利于实行机械化养猪,猪群自体热源利用好,每列间数可根据猪场布局酌情增减。但造价高,冬季保温性差,通风透光较差,湿度大,要求饲养条件高。

②单列哺乳母猪与后备母猪联合猪舍。适用于长江以北地区,粪尿清除至圈外积肥场,卫生保健积肥好,装有可拆卸的塑料薄膜窗扇,冬春封闭而夏秋开放,冬暖夏凉,通风透光良好,符合猪的生物学特性要求。无特定材料要求,造价低,城乡养殖场均可采用。缺点是只能实行半机械化养殖。

(2)综合母猪舍 适用于南方地区。主要特点是哺乳母猪和妊娠后期母猪单圈饲养,空怀和妊娠前期母猪合群饲养,既符合母猪的生理特点要求,又可提高劳动生产率。猪舍建筑设计做到通风、透光和防潮好,冬季易保持干燥和防寒。

(3)育肥(兼作后备)猪舍 供饲养育肥猪、架子猪或后备母猪用。前期要求猪舍较宽敞,活动有余地;后期要求有利于育肥猪增重长膘和后备母猪增进繁殖能力。以双列育肥猪舍为例,在建筑设计及内部结构方面,基本与双列母猪舍相同。但育肥猪舍饲养密度大,自体热源多,冬季保温性能好。育肥猪要求饲养管理条件一致,利于实行机械化,每年可养

3 批育肥猪,极大提高建筑面积的利用率,冬季舍内湿度较大,可达到冬暖夏凉和四季均衡生长发育的要求。

六、塑料暖棚畜禽舍

(一)塑料暖棚畜禽舍的类型

1. 单斜面塑料暖棚

单斜面塑料暖棚棚顶一面为塑膜覆盖,另一面为土木结构。这类暖棚多坐北朝南。在无塑膜覆盖时呈半敞式,设有后墙、山墙和前沿墙。中梁处最高,半敞式屋面占整个塑料暖棚的1/2～2/3。从中梁向前沿墙覆盖塑膜,形成封闭式塑料暖棚。其两面出水,暖棚前沿墙外设防寒沟。一般由地基、墙、框架、覆盖物、加温设备等组成。一般为土木或砖混结构,建造容易,结构简单,塑膜易固定,抗风雪及保温性强,便于管理。但棚下空间小。一般多为单列式,适于农区、牧区畜禽的规模化生产。

2. 半拱圆形塑料暖棚

半拱圆形塑料暖棚的结构与前者相似,半敞棚由前墙、中梁、后墙、山墙,以及木缘、竹帘、草泥、油毛毡、脊瓦等构成。半敞棚屋面一般占整个塑料暖棚面积的2/3,后墙(小型家畜易靠后墙)或前墙(大型家畜易靠前墙)留工作通道,用竹片由中梁处向前沿墙连成半圆形,上覆塑膜。其棚下空间大,采光系数大,水滴不易直接掉到畜床,而是沿棚面滑向前沿墙。多为单列式,结构简单易建造,塑膜易固定,抗风、抗压性强,保温性能好,便于管理,造价低,适于各种类型的畜禽规模化生产。

3. 双斜面塑料暖棚

双斜面塑料暖棚顶部两面均为塑料所覆盖,两面出水,有的两棚面相等,称为等面式;有的两棚面不等,称为不等面式。它们四周有墙,中梁处最高,多为双列式。中梁下设过道,两边设栏圈。塑膜由中梁向两边墙延伸。其中以等面式居多,南北走向,日照时间长,光线均匀,四周低温区少。不等面式暖棚较少,一般坐北朝南,南棚面积大。

双斜面塑料暖棚采光面积大,棚内温度高,跨度大,建筑材料要求高,一般用钢材或木材作框架,造价高,抗风、耐压能力较差,在风雪大时难以保持平衡,高温时热气排出困难。

4. 拱圆形塑料暖棚

拱圆形塑料暖棚棚顶全部覆盖塑膜,半圆形。由山墙、前后墙、棚架和棚膜等组成。暖棚南北走向,多列式。若为种养结合棚,在养殖一侧设周围基础墙,种植一侧不设,可用竹栏围起,种植、养殖区之间有隔帘,白天卷起,晚上放下。亦可选用双层塑料暖棚,层间距为8～10 cm,保温性能更好。棚架材料一般为钢材或木材,钢材经久耐用。拱圆形塑料暖棚是目前比较理想的种养结合棚,可有效控制环境污染,适用于土地面积大,灌溉便利的各种规模的畜禽场。

(二)塑料暖棚的设计

1. 保温隔热设计

塑料暖棚的热量支出(失热途径)主要有表面散热、地下传热和缝隙放热3种,要提高塑料暖棚的保温性能,应从减少这3种失热途径入手,特别是减少表面放热。所采取的措施如下:

①棚顶夜间盖上草帘、棉帘或纸被。在室外温度为−18℃时,加草帘和纸被可分别增温

10℃和 6.8℃。

②双层膜代替单层膜,两层膜间隔 5～10 cm。双层膜暖棚的温度比单层膜高 4℃,可节约饲料 8.67‰。

③加强墙壁的保温隔热设计,采用空心墙或填充墙,以降低支撑墙的传热能力。

④地面用夯实土或三合土,或在三合土上铺水泥,以减少地下传热。

2. 通风换气设计

通风换气设计可采用自然通风或机械通风。其通风换气量可用二氧化碳法、水汽法、热量法和参数法计算。利用参数法确定通风换气量最为常用。

3. 塑料暖棚的主要技术参数

(1)暖棚规格　根据饲养规模规定,各种畜禽暖棚规格见表 1-11。饲养规模不足或超过上述头数时,可按猪 1 m²/头,羊 1.2 m²/只,牛 1.6～1.8 m²/头,鸡 0.08 m²/只来确定建筑面积。

表 1-11　畜禽暖棚规格

暖棚	育肥猪		牛		鸡		羊	
	数量/头	面积/m²	数量/头	面积/m²	数量/只	面积/m²	数量/只	面积/m²
单列（半斜面）	25～50	50～110	30～50	130～150	105～180	220	50～100	75～130
双列（双斜面）	100	200	100	350	250～500	38～200	150～200	23～200

(2)跨度及长宽比　跨度主要根据当地冬季雨雪和晴天的多少而定,冬季雨雪多的以窄为宜(5～6 m),反之则宽(7～8 m);冬季晴天多的,太阳光利用较充分,跨度可放宽,以增大室内热容量,相反应窄一些。暖棚长宽比与其坚固性有密切的关系。长宽比大,周径长,地面固定部分多,抗风能力强,反之则弱。

(3)高度与高跨比　暖棚的高度是指屋脊的高度,与跨度有一定的关系。跨度一定,高度增加,屋面角度增加,采光好,在搞好保温的同时,增加蓄热量。高度一般以 2～2.6 m 为宜,高跨比为(2.4～3)∶10。雨雪少则高跨比可小一些,雨雪多则高跨比适当大一些,以利于清除积雪。

(4)棚面弧度　暖棚的牢固性首先取决于框架质量、薄膜强度,其次是棚面弧度。棚面弧度决定棚面捶打现象强度的大小,捶打现象是由棚内外压强不等造成的。当棚外风速大时,空气压强减小,棚内产生举力,棚膜向外鼓起;但在风速变化的瞬间,加上压膜线的拉力,棚膜返回棚架,如此反复,就形成捶打现象。若棚膜弧面设计合理,可降低捶打程度。棚面曲线可用合理轴线设计公式来确定,弧线点高的公式为

$$Y = \frac{4f}{l^2}x(1-x)$$

式中:Y 为弧线点高,m;f 为中高,m;l 为跨度,m;x 为水平距离,m。

(5)保温比　指畜床面积与围护面积之比。保温比越大,热效能越好。在晴朗天气下,暖棚的保温和光照是统一的;在风雪天,特别是夜间,暖棚采光面积大对保温不利,采光与保温发

生矛盾。为兼顾采光和保温,塑料暖棚应有合适的保温比,一般以 0.6～0.7 为宜。

(6)后墙高度和后坡角度 后墙矮,后坡角度大,保温比大,冬至日前后阳光可照到坡内表面,利于保温,但棚内作业不便;后墙高,后坡角度小,保温比小,保温性能差,但利于棚内作业。一般后墙高以 1.2～1.8 m 为宜。

(7)暖棚墙面和两侧无阴影距离 在暖棚前面和两侧的扇形范围内,不允许任何地貌、地物遮挡阳光。一般东西、南北 8 m 范围内不应有超过 3 m 的物体。

4.各类畜禽暖棚畜禽舍典型构造简介

(1)暖棚猪舍 多为单列半拱圆形,坐北朝南,后墙高 1.8 m,中梁高 2.2 m,前沿墙高 0.9 m,前后跨度为 4 m,长度视养殖规模而定,后墙与中梁之间用木椽搭棚,中梁与前墙之间用竹片搭成拱形支架(事先沿墙装钢管,搭棚时将竹片直接插入钢管),覆上塑料膜。暖棚单栏前后跨度为 3 m,左右宽 3 m,栏与栏之间隔墙高 0.8 m。在棚顶留 0.5 m×0.5 m 的活动式排气孔,并加设防风罩,在距前墙基和山墙基各 5～10 m 处留若干 0.2 m×0.2 m 的进气孔。

(2)暖棚鸡舍 坐北朝南,棚舍前沿墙高 1 m,中梁高 2.5 m,后墙高 2 m,跨度为 9 m,长度视规模而定。运动场与鸡舍相连处有 1.7 m×0.9 m 的门供饲养人员出入,底部设约 0.2 m× 0.2 m 的小孔供鸡出入,其他同暖棚猪舍。鸡舍内设足够的产蛋箱,运动场内设食槽和饮水器。若实行笼养,去掉中间隔墙,不设运动场。

(3)暖棚牛舍 坐北朝南,棚舍前沿墙高 1.2 m,中梁高 2.5 m,后墙高 1.8 m,跨度为 5 m,长度视规模而定。中梁和后墙之间用木椽搭成屋面,与前沿墙间用竹片和塑料薄膜搭成半拱圆形屋面,中梁下沿长轴方向设食槽,将牛与人行道隔开,后墙距中梁 3 m,前沿墙距中梁 2 m。在一端山墙上留两道门,一道通牛舍,供牛出入和清粪用;另一道通人行道,供饲养人员出入。

(4)暖棚羊舍 棚舍中梁高 2.5 m,后墙高 1.7 m,前沿墙高 1.1 m,跨度为 6 m,长度视规模而定。中梁距前沿墙 2～3 m,棚舍一端山墙上留有高约 1.8 m、宽约 1.2 m 的门,供饲养人员和羊出入,棚内沿墙设补饲槽、产仔栏。其他同暖棚牛舍。

(三)建筑施工

1.基础施工

基础是指暖棚墙埋入土层的地下部分,是承受暖棚自重、风荷载等的重要部分,应有足够的稳定性,以保证畜禽的安全生产。

基础施工要根据土壤条件进行地基处理,原则上必须有足够的承重能力和厚度,压缩性小,抗冲刷力强,膨胀性小且无侵蚀。一般大型暖棚采用墩座埋入土中至少 60 cm,周围夯实。钢架塑料暖棚柱基应采用钢架水泥底座,按要求间距埋入地下夯实,用螺丝钉固定暖棚钢架。简易的塑料暖棚可不做基础,只将木杆、竹板直接安装在墙基上,用铁钉加以固定。

2.墙的施工

墙基坚固结实,经久耐用,以及耐水、抗冻、保暖、防火等。墙的保暖、隔热能力取决于所用建筑材料的特性与厚度。墙的材料尽可能采用隔热性能好的。最好的暖棚墙是以土坯为主、砖混为辅的混合墙。山墙和后墙可用土坯修建,前沿墙、隔栏墙、圈舍与工作通道的隔墙用砖或混凝土修建。土墙内用草泥抹光,基部用水泥打 1 m 左右的墙裙,其余部分用白灰粉刷。该种混合墙造价低,保温好,但使用年限短。

3.畜床施工

畜床施工应考虑保温、清洁、卫生、干燥,以及便于冲刷和清理粪尿等因素,一般多采用全混凝土或水泥地面,并有一定坡度,有条件的可在幼畜阶段铺木地板。

4.后坡施工

后坡施工即先用棚架材料搭成单斜面,后用竹席或其他材料覆盖,撒上麦草,再用草泥封顶,上覆盖油毛毡或脊瓦,形成前高后低半坡式敞棚。

5.棚架施工

不同类型的暖棚和搭棚规格,选择不同的棚架材料。半拱圆形棚宜选竹片,削光竹节和毛刺,使其光滑,最好用纸、破布或编织布将竹片包裹,以免造成棚膜破损。一般拱杆间距以60~80 cm为宜,弧度以25°~30°为宜。中梁的高度按设计要求确定,中梁间距为2~2.5 m。单斜面暖棚宜选择木片或木椽,光滑平直,上覆保护层,上端固定在中梁上,下端固定在前沿墙上,其间距为80~100 cm。

6.棚膜覆盖

暖棚的扣膜时间一般在10月下旬左右,猪、鸡适当提前,牛、羊适当推后。幼畜根据生长发育要求的温度来确定扣膜时间。扣膜时,将标准塑膜或黏结好的塑膜卷好,从棚的上方或一侧向下方或另一侧轻轻覆盖。为保温和保护前沿墙,塑膜将前沿墙全部或部分包裹、固定,棚膜上面用竹片或木条压紧,四周用水泥或草泥固定。

(四)塑料暖棚畜禽舍的环境控制

1.保温

保温措施除接受较多的太阳光辐射和加强棚舍热交换管理外,还有设防寒沟、覆盖草帘、地热加温等措施。

(1)设防寒沟　在棚舍四周挖环形防寒沟,一般宽30 cm,深50~100 cm,沟内填上炉渣或麦秸拌废柴油,夯实,顶部用草泥封死。

(2)覆盖草帘　主要是减少夜间棚舍内热能向外散发,以保持棚内较高的温度。草帘下铺一层厚纸,以防草帘划破棚膜。它们一端固定在暖棚顶部,夜间放下,铺在棚膜上,白天卷起固定在棚顶。

(3)地热加温　应用广且经济性能好,适合北方养殖户。做法是在棚舍前墙下挖一个深约10 cm、长宽各约50 cm的坑,然后沿畜床搭火坑,前厚后薄,在暖棚中央处或适当位置架设烟囱。将农作物秸秆、畜禽粪便或煤加入火道,该法保温效果较好。

2.防潮

塑料薄膜不透气,当棚内水汽蒸发上升到塑膜上,很快结成水珠,返回畜床,使棚内湿度不断增大。应采取综合治理措施,加强棚膜管理,增设干燥带,控制有害气体。

(1)加强棚膜管理　塑料薄膜的透光率一般在80%以上,当表面积有灰尘和水珠或有积雪时,会严重影响光线透过,降低棚内温度,增大湿度。聚乙烯膜与灰尘有较强的亲和力,棚膜表面有灰尘可损失可见光15%~20%;有水珠可使入射光发生散射,损失可见光10%左右。应经常擦拭棚膜表面的灰尘和水珠,以保持棚膜清洁。

(2)增设干燥带　主要设在前沿墙和工作通道上。具体方法是:将前沿墙砌成空心墙,当前墙砌成规定高度时,中间平放一块砖将空心墙封死,两侧竖放一块砖,形成凹形槽。外缘与棚膜光滑连接,槽内添加沙子、白灰等吸湿性较强的材料,当水滴沿棚膜下滑至前沿墙时自然落入凹形槽内,被干燥材料吸收。勤换干燥材料,以控制畜禽舍湿度。

(3)控制有害气体　要及时清除粪尿,加强通风换气。通风换气可有效控制舍内有害气体、尘埃和微生物。但通风和保温是相互矛盾的,通风换气一般在外界气温高的中午,打开阳光照射面的进气孔和屋顶排气孔换气。也可于清晨在太阳出来前后通风换气,但时间不宜过长。夜间气温低,不宜换气。最好采用间歇式换气法,即换气→停→再换气→再停,一般每次换气 0.5 h 左右,具体换气次数和时间应根据暖棚大小、畜禽数量及人的感觉等来确定。

项目小结

本项目重点介绍了我国各地区畜禽舍建筑设计特点及要求,要求学生掌握畜禽舍的平面和剖面设计要求,熟悉绘制图的基本知识。本项目分别介绍了鸡舍的建筑设计方法、牛舍和猪舍的建筑设计方法,要求学生熟悉畜舍设计图的种类,掌握开放型鸡舍的建筑设计方法、奶牛舍的建筑设计方法和不同猪舍的建筑要求。

学习思考

1.简述畜禽舍设计的原则。

2.怎样进行畜禽舍的平面设计和剖面设计?

3.简述我国南、北方畜禽舍建筑设计要求。

4.简述开放型鸡舍的建筑设计。

5.试述不同猪舍的建筑要求。

项目三　畜禽舍建筑设计

【项目导入】

设计和建造规划合理、功能完善的畜禽舍,是控制和改善畜禽环境的重要环节和基本保障。畜禽舍环境的控制与改善,是一项涉及面较广的系统工程,既包括畜禽舍设计、畜禽舍结构和设备安装与日常维护,又包括饲养密度、饲养管理方式的确定,还包括温度、气流、光照等环境因子的控制,以及有害气体与空气中多余水分的排出等。

【知识储备】

一、畜禽舍基本结构

畜禽舍结构同其他建筑物一样,主要包括地基与基础、墙壁、门、窗、地面、屋顶和天棚等(图 1-9)。畜禽舍的墙壁、屋顶、门、窗和地面构成了畜禽舍的外壳,称为畜禽舍外围护结构,为畜禽舍构造的一部分,将舍内空间与外部不同程度地隔开,畜禽舍内小气候状况在很大程度上取决于畜禽舍外围护结构状况。畜禽舍结构根据其功能,可以分为承重部分和围护、分割部分。图 1-9 为鸡舍结构简图。

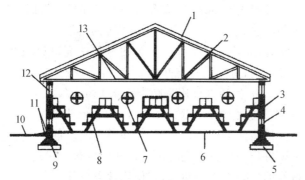

图 1-9　鸡舍结构简图

1.屋面;2.屋架;3.砖墙;4.地窗;5.基础垫层;6.室内地坪;7.风机;
8.鸡笼;9.基础;10.室外地坪;11.散水;12.窗;13.吊顶

(一)地基与基础

地基与基础和畜禽舍的坚固、耐久及安全性有很大的关系。要求其具备足够的强度和稳定性,以防建筑物下沉,引起裂缝和倾斜,使畜禽舍整体结构受到影响。

1.地基

支持整个建筑物的土层叫地基,有天然地基和人工地基之分。一般小型畜禽舍可直接修建在天然地基上,但土层应坚实,组成一致,干燥,有足够的厚度,压缩性小而均匀(不超过 2～3 cm),抗冲刷力强,膨胀性小,其地下水位在 2 m 以下,无侵蚀作用。沙砾、碎石、岩性土层以及有足够厚度且不受地下冲刷的沙质土层是良好的天然地基。黏土和黄土含水多时,压缩性及膨胀性均大,若不能保证干燥,不宜作天然地基。富含植物有机质的土层,不能作为填土使用,宜采用沙黏土和沙壤土。大型畜禽舍使用人工地基,即施工前经人工夯实加固处理的地基。在建造畜禽舍之前,应切实掌握有关土层的组成、厚度及地下水位等资料,以保证选择的正确性。

2.基础

基础是房舍的墙埋入地下的部分,是墙的延伸与支撑。其作用是承载畜禽舍本身重量以及舍内畜禽、设备、屋顶等重量。基础必须坚固耐久,有适当的抗机械能力、抗震能力、防潮能力、抗冻能力。一般基础应比墙壁宽 10～15 cm,埋置深度应根据畜禽舍的总荷载、地基的承载力、土层的冻胀程度及地下水情况而定,在不膨胀土层上,一般深度为 50～70 cm。应将基础埋置在土层最大冻结深度以下,并加强基础的防潮防水能力。目前,国外广泛采用石棉水泥板及刚性泡沫隔热板,以加强基础的防潮和保温,这对改善畜禽舍内小气候环境具有重要意义。

(二)墙壁

墙壁是畜禽舍的主要构造部分,是畜禽舍与外部空间隔离的主要外围护体,对舍内温湿度状况起重要作用。据测定,冬季通过墙散失的热量占整个畜禽舍总失热量的 35%～40%。墙必须坚固耐久,抗震,耐水,抗冻,结构简单,便于清扫和消毒,同时具有良好的保温隔热性能。

墙壁的保温隔热能力取决于采用建筑材料的特性与厚度,尽可能选用隔热性能好的材料,以保证最好的隔热效果。应保证适宜的厚度,且严密无缝。否则,在冬季寒冷地区,不能保证舍内的温度会导致水汽在墙壁表面凝结,造成舍内潮湿。在炎热地区则导致舍内温度过高,对防暑降温不利。

为加强防潮和隔热能力,应使用防水好且耐久的材料抹面,以保护墙面不受雨雪的侵蚀,沿外墙四周做好散水或排水沟,避免墙身与基础受到浸泡。在舍内墙的下部设墙裙,用白灰水泥砂浆粉刷,墙裙高 1~1.5 m;生活办公用房踢脚高 0.15 m,散水宽 0.6~0.8 m,坡度为 2%,勒脚高约 0.5 m 等。这些措施可加强墙壁的坚固性,防止水汽渗入墙体,提高墙的保温性能。为增强墙壁反光能力和保持清洁卫生,内表面抹平并粉刷成白色。

常用的墙体材料主要有土、砖、石和混凝土等。现代畜禽舍建筑多采用双层金属板中间夹聚苯板或岩棉等保温材料的复合板作为墙体,其使用效果更佳。

墙有不同的功能,承受屋顶重量的墙为承重墙;起分隔作用的墙为隔墙;与外界接触的墙为外墙;不与外界接触的墙为内墙;沿畜禽舍长轴方向的外墙称为纵墙(长墙);沿短轴方向的外墙称为山墙(端墙)。根据外墙的设置情况,畜禽舍样式可分为:敞棚(凉亭或凉棚)式、开放式、半开放式、有窗式封闭式和无窗式封闭式等。

(三)门、窗

门、窗均属非承重的建筑配件。门主要作用是供人及畜禽出入,有时兼有采光和通风作用;窗户主要作用是采光和通风,同时还具有分隔和围护作用。

1.门

畜禽舍的门有外门与内门之分,畜禽舍分间的门以及畜禽舍附属房间通向舍内的门叫内门,畜禽舍通向舍外的门叫外门。内门根据需要设置,但每栋畜禽舍至少设 2 个外门,一般设在两端的墙上,正对中央通道。门的大小、数量和开向应保证畜禽自由进出;便于饲料的运入和粪便的清除,并满足机械化操作的可能;便于在发生意外事故时,将畜禽迅速赶出畜禽舍;在寒冷地区能保证严密保温。

畜禽舍门一般宽 1.5~2 m(羊舍 2.5~3 m),高 2~2.4 m;供牛自动饲喂车通过的门,其高度和宽度为 3.2~4 m。供畜禽出入的圈栏门高度常与隔栏的高度相同,其宽度一般为:牛、马 1.2~1.5 m;猪 0.6~0.8 m;羊小群饲养 0.8~1.2 m,大群饲养 2.5~3 m;鸡 0.25~0.3 m。人行门宽 0.7 m,高 1.8 m。

在寒冷地区,为加强门的保温作用,缓和舍内热能的外流,通常设门斗以防冷空气直接侵袭。门斗的宽度应比门宽 1~2 m,其深度不应小于 2 m。畜禽舍门应向外开,门上不应有门槛、台阶和尖锐的突出物。为防止雨水淌入舍内,畜禽舍地面一般应高出舍外地面20~30 cm,舍内外以坡道相连。

2.窗

畜禽舍窗户按开启形式,可分外开窗、平开窗、转窗、推拉窗;按使用材料可分木窗、金属窗、硬塑窗等。窗户多设在墙壁或屋顶上,是外围护结构中保温隔热性能最差的部分。因此,在设置窗户时,要统筹兼顾它的各种要求。设置原则:应在满足采光的前提下尽量少设窗户,以保证夏季通风和冬季保温。在总面积相同时,大窗户比小窗户有利于采光。为保证畜禽舍采光均匀,墙上窗户应等距离分布,窗间壁的宽度不应大于窗宽的 2 倍。立式窗比卧式窗更有利于采光,但不利于保温。有的畜禽舍采用一种导热系数较小的透明或半透明的材料作为屋顶或屋顶的一部分(如阳光板),可解决采光与保温的矛盾。也有采用无窗式封闭式畜禽舍,可更好地控制畜禽舍环境,但应保证可靠的人工照明、通风换气和充足的电源。

(四)地面

畜禽舍地面是畜禽采食、饮水、休息、排泄等生命活动和一切生产活动的场所,其质量的好坏,不仅影响舍内小气候与卫生状况,还会影响畜禽及产品(奶、毛)的清洁度,甚至影响畜禽的健康和生产力。地面的基本要求有:①坚固、致密、平坦、有弹性、不硬、不滑;②有足够的抗机械能力,防潮,能够抵抗各种消毒液的作用;③导热性小,不透水,易于清扫和消毒;④无造成外伤的隐患,有一定的坡度,以便及时清理粪尿和污水。

地面的防水和隔潮性能对保温情况和舍内卫生状况影响很大。地面潮湿是畜禽舍空气潮湿的主要原因之一,而地面透水可导致地面导热能力增强,使冬季地面温度过低,家畜躺卧时失热增多,同时易繁殖微生物,污水腐败分解污染空气。常用的防潮材料有油毡纸加沥青等。地面平坦、有弹性且不滑也是畜禽舍卫生的基本要求。坚硬的地面易引起家畜疲劳及关节水肿。地面太滑或不平时,易造成家畜滑倒而引起骨折、挫伤及脱臼,还有母畜流产,且不利于清扫和消毒。地面排水沟应有一定的坡度,以保证洗涤水及尿水顺利排走。牛舍和马舍地面的坡度要求为 $1\% \sim 1.5\%$,猪舍为 $3\% \sim 4\%$。坡度过大会造成家畜四肢、腱、韧带负重不均,拴养家畜后肢负担过重,母畜子宫脱垂与流产。

畜禽舍地面又可分实体地面和缝隙地板两大类。实体地面的材料有素土夯实、三合土、砖、混凝土、沥青混凝土等;缝隙地板的材料有混凝土、塑料、铸铁、金属网等。素土夯实地面、三合土地面和砖地面保温性能较好,造价低,但吸水性强,不坚固,易破坏。混凝土地面或缝隙地板除保温性能和弹性不理想外,其他性能均符合畜禽生产要求,造价也相对较低,故被普遍采用。沥青混凝土地面各种性能俱佳,但含有某些危及动物健康的有害或致癌物质。塑料缝隙地板各种性能均较好,但造价较高。

实体地面的构造一般分基层、垫层和面层。混凝土地面在土质较好的情况下可直接以夯实素土作基层;若土质不好则可铺 $50 \sim 70$ mm 厚碎砖或炉渣或黄沙作基层,然后浇捣 $50 \sim 80$ mm 厚 150 号混凝土作垫层,再用 $1:2$ 水泥砂浆做 $20 \sim 25$ mm 的面层,最后撒一层 $1:1$ 干水泥黄沙,用木抹抹成毛面。为提高保温性能,可在垫层下设保温层,须防止保温层沉降不匀而开裂。缝隙地板的制作,除混凝土可以计算截面尺寸,确定板条与缝隙宽度的适宜比例,配筋并支模预制外,其余均由工厂定型生产。

(五)屋顶和天棚

1.屋顶

屋顶是房舍顶部的覆盖构件,与外墙一起构成房舍的建筑空间,是畜禽舍上部的外围护结构,主要用于承重、遮风、避雨雪、隔绝太阳辐射、保温防寒等。它由支撑结构(屋架)和屋面组成。支撑结构承受畜禽舍顶部包括自重在内的全部荷载,并将荷载通过墙或柱、基础向地基传递;屋面起围护作用,可抵御雨雪和风沙的侵袭,隔绝太阳辐射等。屋顶所起的保温隔热作用比墙的大。因为舍内上部气温高,屋顶内外实际温差大于外墙内外温差,其面积一般也大于外墙。一般屋顶具有光滑、防水、保温、不透水、不透气、结构简单、耐久、轻便等特点,还具有一定的坡度,便于排去雨水和雪水。另外,还能承重、防火,可就地取材等。

屋顶的基本形式有坡屋顶、平屋顶和拱形屋顶 3 种。坡屋顶又可分为单坡式、双坡式、联合式、半钟楼式、钟楼式(图 1-10)。多个畜禽舍单元或多栋畜禽舍组合在一起则形成联体式。

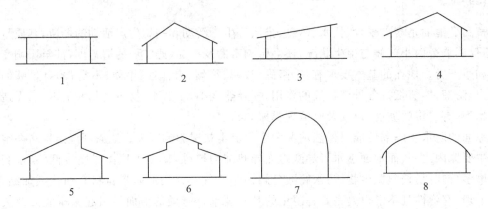

图 1-10　畜禽舍屋顶形式

1.平屋顶;2.双坡式屋顶;3.单坡式屋顶;4.联合式屋顶;5.半钟楼式屋顶;
6.钟楼式屋顶;7.拱式屋顶;8.平拱式屋顶

(1)单坡式　屋顶只有一个坡向,结构简单,造价低廉,可就地取材。前面敞开无坡,利于采光,但跨度小,净高低,故适用于单列式和较小规模的畜禽。

(2)双坡式　是最基本的畜禽舍屋顶形式,屋顶跨度大,易于修建,保温隔热和通风性能好,适宜于各种规模的各种畜禽的饲养。

(3)联合式　屋顶前坡短、后坡长。采光较单坡式屋顶差,但保温性能好,适用于跨度较小的畜禽舍和规模较小的畜禽。

(4)平顶式　在华北地区一带常见,可充分利用屋顶平台,节省建材。但防水较难解决,也不利于防暑。

(5)钟楼式和半钟楼式　在双坡式屋顶单侧或双侧增设天窗以加强通风和采光,造价高,适用于炎热或温暖地区、大跨度及耐寒且怕热畜禽的畜禽舍。

(6)拱式和平拱式　节省钢材、木材,造价较低。若屋顶保温性能较差,在环境温度高达30℃以上时,舍内闷热,一些家畜易焦躁不安。建造这类屋顶需较高的施工技术,一般适于跨度较小的畜禽舍。

2.天棚

天棚又叫顶棚、天花板,是将畜禽舍与屋顶下空间隔开的结构。天棚下的空间可形成较大不流动的空气缓冲层,其对畜禽舍的保温隔热具有重要作用。对于负压机械纵向通风的畜禽舍,天棚可大大减少过风面积,显著提高通风效果。

天棚和屋顶的失热最多,一方面其面积较大,另一方面舍内热空气在屋顶和天棚处聚集,热量易通过屋顶和天棚散失。据测定,36%~44%热量是通过天棚和屋顶散失的。

天棚必须具备保温隔热、不透水、不透气、坚固耐久、结构轻便、耐火等特点。天棚表面要平滑,一般会粉刷成白色以增加舍内亮度。无论在寒冷的北方或炎热的南方,在天棚上铺设足够厚度的保温层(或隔热层)是天棚起保温隔热作用的关键,保温层结构严密(不透水、不透气)是天棚起保温隔热作用的保证。常用的天棚材料有胶合板、矿棉吸音板等,在农村常用草泥、芦苇、草席等做简易天棚。

畜禽舍内的高度通常以净高表示,净高是指地面至天棚的距离。畜禽舍无天棚时,净高是指地面至屋架下弦下缘的高。在寒冷地区,适当降低净高有利于畜禽舍保温,而在炎热地区,加大净高有利于通风降温。一般畜禽舍净高的标准如下:牛舍为2.8 m,猪舍和羊舍为2.2~2.6 m,马舍为2.4~3 m。笼养鸡舍净高需要适当增加,五层笼鸡舍净高为4 m。

二、畜禽舍类型及其小气候特点

畜禽舍外围护结构是指由畜禽舍外墙、门、窗、屋顶和地面构成的畜禽舍外壳。按畜禽舍外围护结构封闭的程度不同,可将畜禽舍分为封闭式畜禽舍、开放式畜禽舍和半开放式畜禽舍以及敞棚式畜禽舍等。畜禽舍小气候是指由畜禽舍外围护结构及人畜活动而形成的畜禽舍内空气的物理状况,主要包括舍内空气的温度、湿度、光照、气流和空气质量等。畜禽舍小气候与畜禽的关系非常密切,它与大气相比,差异很大。我们应结合本地区的气候特点及畜禽的类别,采用有利于畜禽生产的畜禽舍形式。

(一)封闭式畜禽舍

1.结构特点

封闭式畜禽舍(简称封闭舍)是由屋顶、四面围墙以及地面构成的全封闭状态的畜禽舍,通风换气仅依赖于门、窗或通风设备,舍内外空气环境差异较大。优点是具有良好的保温隔热性能,便于人工控制舍内环境。缺点是舍内水汽、有害气体浓度较高,通风不良时动物易患呼吸道疾病,尤其在冬季,通风、保温往往互相矛盾,呼吸道疾病发病率更高。

有窗式封闭舍四面有墙,纵墙上设窗,跨度可大可小。跨度小于10 m时,可开窗进行自然通风和接受光照,或进行正压机械通风,亦可关窗进行负压机械通风,封闭性较好,供暖、降温的效果较半开放舍好,耗能较少。无窗式封闭舍也称"环境控制舍",四面设墙,墙上无窗,进一步提高畜禽舍的密封性和与外界的隔绝程度,通风、光照、供暖、降温、排污、除湿等均须靠设备调控。无窗式封闭舍在国外应用较多,且多为复合板组装式,它能创造较适宜的舍内环境,但土建和设备投资较大,耗能较多。

2.小气候特点

(1)温度的来源及其变化　舍内空气的温度,一部分由舍外空气带入,大部分产自畜禽机体散发的热量。据测定,在适宜温度下,一栋容纳2万只产蛋鸡的舍内,散发的可感热为621.6 MJ/h;100头体重500 kg、日均产奶20 kg的成年奶牛则为116.68 MJ/h。此外,工作人员的活动,机械的运转和各种生产过程也产生一定的热量,导致舍内温度大幅度上升,夜间的产热量减少。

在冬季,封闭舍内的实际温度状况,主要取决于畜禽舍的外围护结构、天棚及屋顶的形式等。墙壁散热的多少取决于其结构、材料、厚度及门窗情况。地面散热可占舍内总散热的12%~15%,地面的材料和结构也很重要。畜禽舍外围护结构的保温能力取决于建筑材料的导热性、厚度和建筑方法等多种因素,它对舍内温度状况具有决定性的影响。畜禽舍外围护结构保温能力强,大量的热量聚集在舍内,舍内温度较高,反之较低。据测定,天棚和屋顶散热占36%~44%,畜禽呼吸及散发的热量总是向上流动的,因此越接近顶棚气温越高。无天棚则通过屋顶散热更多。畜禽躺卧的地方,近地面的温度最低。此外,畜禽舍大小、高度及饲养密度也影响舍内的温度,畜禽舍大,容纳的畜禽多,有利于保暖,畜禽舍小则相反。饲养密度大,地面单位面积产热多,舍内温度较高,反之较低。

在夏季,封闭舍的实际温度状况主要取决于外围护结构的隔热能力、通风情况及饲养密度等。隔热能力差,强烈的太阳辐射直接影响到舍内,舍内温度大幅度升高;通风不良将导致舍内蓄积的热量散不出,舍内的温度急剧上升。为提高封闭舍的防暑能力,应采取的措施如下:①加强外围护结构的隔热能力;②实行机械通风换气,排出舍内的余热;③尽量减少饲养密度;④外界气温超过 32℃时,采取综合降温措施,如窗户上设遮阴伞,屋顶安装防辐射材料,舍内增湿降温,使用冰袋制冷等。

舍内温度的分布并不是均匀的。从垂直方向上看,一般是天棚和屋顶附近较高,地面附近较低。如果天棚和屋顶的保温能力强,舍内气温的垂直分布就很有规律,且差别不大。例如,某保温性能较好的笼养育雏舍内,一、二、三、四层的实际温度分别是 29.5℃,30.2℃,30.4℃,31.4℃。保温能力差则天棚和屋顶附近温度较低,地面附近较高。在寒冷的冬季,为加强保温,要求天棚与地面附近的温差不超过 2.5~3℃,或每升高 1 m,温差不超过 0.5~1℃。

从水平方向上看,畜禽舍中央温度高,靠近门、窗和墙壁的区域则较低。畜禽舍跨度越大,差异就越明显。实际差异的大小取决于门、窗和墙壁的保温能力,保温能力强,则差异小。在寒冷的冬季,要求舍内平均气温与墙壁内表面的温差不超过 3℃;当舍内空气潮湿时,温差不宜超过 1.5~2℃。因此,笼养育雏室应设法将发育较差、体质较弱的雏鸡安置在上层;初生仔猪怕冷,可安装在畜禽舍的中央。

畜禽舍内的气温常有变动,急剧和差异太大的变化对畜禽是不利的。一般而言,冬季畜禽舍温度应维持在 5~10℃及以上,不同地区,以及不同畜禽的种类、品种和年龄等,对畜禽舍温度的要求也不同。

(2)湿度的来源及其变化　舍内气湿是多变的,往往比舍外气湿大。由大气带入的,占 10%~15%;由畜禽机体排出的,占 70%~75%;由墙壁、地面等物体表面蒸发的,占 10%~25%。从大气带入的水汽量取决于大气的湿度,来自畜禽的水汽主要通过皮肤和呼吸道散发,其量取决于畜禽的种类、体重、生理阶段和空气的温度。例如,1 000 只产蛋鸡在 3.9℃时,呼出的水汽量为 2.86 kg/h;在 35℃时,呼出水汽量为 9.07 kg/h。活重 60 kg 和 100 kg 的猪,在适宜温度下,呼出的水汽量分别为 92 g/h 和 132 g/h。可见畜禽由呼吸道排出的水汽量,随体重的增大和气温的升高而增多。由地面、墙壁等物体表面蒸发的水汽量取决于空气温度和物体表面的潮湿程度。温度越高,潮湿程度越大,则蒸发量越多。

封闭舍内空气中水汽含量的分布也有规律,通常越接近地面,空气潮湿的程度越大。水汽的密度比空气小,靠近天棚和屋顶,水汽也越多。当舍内温度低于露点时,空气中的水汽会在地面、墙壁等表面凝结,并渗入其内部,使建筑物和用具等变得潮湿;温度升高,这些水分又蒸发出来,使空气的湿度增大。

舍内空气和物体变得潮湿后,不但影响畜禽热调节、代谢和健康,也容易滋生微生物;饲料和用具发潮变霉,动物易患消化道疾病。湿度过低(30%以下),易引起畜禽皮肤干燥,黏膜破裂,羽毛变脆,还会导致空气中的灰尘数量增多。在实际生产中,易出现湿度过高的现象,各种畜禽舍相对湿度以 50%~70%为宜,奶牛舍用水量大,标准可放宽到 85%。

(3)气流的来源及其变化　舍内的气流主要来自外界气流的侵入、通风设备、门窗启闭、机械运转、墙壁缝隙、人和畜禽的活动等。因此,靠近门、窗、通风管道的地方气流较强,其他地方较弱。白天畜禽活动频繁,散发的热量多,白天比夜间气流大。

夏季气流有利于对流散热和蒸发散热,对畜禽的健康和生产力有良好的作用。据试验,在舍温为 26~35℃时,气流速度从 0.1 m/s 提高到 0.3 m/s,采食量增加 9%,蛋重增加 5%,并显著减少体重下降的现象;低温时则相反,当舍温为 2.4℃时,气流速度从 0.25 m/s 提高到 0.5 m/s,产蛋率由 77% 降到 65%,平均蛋重由 65 g 降到 62 g,每生产 1 kg 蛋需要饲料由 2.5 kg 增加到 2.9 kg。因此,夏季应尽量提高舍内空气流动速度,加大通风量,必要时辅以机械通风;冬季气流会增加畜禽的散热量,加剧寒冷的影响,但仍须保持适当的气流,有利于将污浊的气体排出。一般冬季畜禽周围的气流速度以 0.1~0.2 m/s 为宜。畜禽舍内应避免产生贼风,要堵塞畜禽舍的一切缝隙,将进气管设在墙壁的上方。漏缝地板应尽量缩小面积,并远离畜床。

(4)光照的来源及其变化　畜禽舍光照可分为自然采光和人工采光。自然采光是通过畜禽舍的开露部分和门、窗进入舍内,节省电力且经济,但有明显的季节性,光照强度不能控制,易受很多因素的影响。进入畜禽舍的光线,无论直射光或散射光,由于受屋顶、墙壁、门、窗以及畜禽舍内设施的阻挡,损失很多,舍内光照强度比舍外弱得多。夏季为避免舍内温度升高,应防止直射光进入舍内;冬季为提高舍内温度,可让阳光直射畜床。人工采光是在舍内安装一些照明设备,人工控制照明。人工采光不受季节和外来因素的影响,但造价高,投资大。

光照时间的长短和照度的强弱以及光的颜色,对畜禽生产力都有较明显的影响。一般认为,种用畜禽的光照时间要适当延长,光照强度要适当加大,有利于种用畜禽活动,以增强体质;育肥畜禽光照时间应适当缩短,以减小活动,加速育肥。光色对鸡的有一定的影响,普遍认为,红光比绿光、蓝光和黄光好些。红光具有减少啄癖、推迟性成熟等作用。

3.适用范围

封闭式畜禽舍的特点是冬季比较暖,夏季比较热,适用于寒冷地区。我国东北、西北和华北地区各省,应着重注意冬季保温;长江流域以南各省,应着重注意夏季隔热防暑。

(二)开放式畜禽舍和半开放式畜禽舍

1.结构特点

开放式畜禽舍(简称开放舍)是三面有墙,一面(向阳面)无墙的畜禽舍,也称前敞舍。半开放式畜禽舍(简称半开放舍)指三面有墙,正面有半截墙的畜禽舍,它们多用于单列小跨度畜禽舍。优点是有利于采光节能,保持舍内空气清新,管理方便,造价较低。缺点是受外界气候的影响较大,不便于进行环境控制,防寒防暑能力介于封闭舍和棚舍之间。

2.小气候特点

冬季可保证阳光照入舍内,有墙部分则可挡风,可以避免寒流的直接侵袭,但舍内空气流动性大,气温随舍外空气温度的升降而变化,与舍外差别不是很大。在较寒冷的冬季,舍内气温常降到 0℃以下,防寒能力远不如封闭舍。夏季的舍内通风比封闭舍强,但又不如棚舍。

3.适用范围

开放舍和半开放舍跨度较小,仅适用于小型畜禽场。这类畜禽舍的敞开部分在冬天可加以遮挡形成封闭舍,适用于冬季不太冷而夏季又不太热的地区饲养各种成年畜禽,特别是耐寒的牛、绵羊和马等。炎热地区可用作产房、幼畜禽舍。

在生产中,为提高实用效果,夏季可在半开放舍的后墙开窗,加强空气对流,提高防暑能力;冬季除将后墙上的窗口关闭外,还可在南墙的开露部分附设卷帘、塑料薄膜、太阳板等,使其形成封闭状态,以提高保温性能,改善小气候条件。

(三)敞棚式畜禽舍

1.结构特点

敞棚式畜禽舍,又称棚舍、敞棚、凉亭或凉棚式畜禽舍。只有端墙或四面无墙,有顶棚的畜禽舍,特点是独立柱承重,结构简单,易施工,用材少,造价低,自然通风和采光好。缺点是受外界气候的影响较大,不便于环境控制,防寒能力较差。

2.小气候特点

棚舍屋顶可防日晒,四周敞开,空气流通良好,风速与露天基本相同,气温略低于露天。据资料显示,棚舍在减弱太阳辐射的影响方面有显著的效果,具有良好的防暑作用,但不能大幅度降低棚下空气温度。若在棚舍内采用冷水通风装置,利用蒸发冷却效应,并装有其他现代化设备,使外界空气进入棚内前先降温,可收到良好的防暑效果。

冬季棚顶隔绝太阳的直接辐射,棚内得不到外来热量,四周又敞开,防寒能力低,畜禽易受冻害,我国大部分地区的畜禽不能靠它过冬。在我国广大牧区,若能在适当的地点和方位筑挡风墙或建造棚圈,可避风挡雨,减弱雨雪、寒流的侵袭和危害,对保护畜禽安全越冬有一定作用。

3.适用范围

棚舍适用于炎热地区各种动物生产和温暖地区的成年猪、鸡、牛、羊生产,但须做好棚顶的隔热设计,也可用作遮阳棚、物料堆棚。

为提高棚舍使用效果,冬季可在畜禽舍周围设卷帘或用塑料薄膜封闭,利用温室效应来提高冬季的保温能力。如简易节能开放型畜禽舍,就属于此种类型,它可在一定程度上控制环境条件,改善畜禽舍的保温能力,满足畜禽对环境的要求。

(四)现代畜禽舍

畜禽舍还有组装式、无窗式、联栋式等多种建筑形式,其中,组装式和无窗式是现代畜禽舍的发展趋势。

1.组装式畜禽舍

组装式畜禽舍在封闭舍的基础上建造而成,该类畜禽舍的墙壁和门窗是活动的,天热时可局部或全部取下,成为半开放舍、开放舍或棚舍;冬季则装配成严密的封闭舍。优点是适宜不同的地区和季节,灵活方便,便于舍内环境的调节和控制。缺点是畜禽舍结构各部件质量要求较高,要求坚固、轻便、耐用、保温、隔热。

2.无窗式畜禽舍

无窗式畜禽舍的舍内小气候,如温度、湿度、气流和光照等,完全由人为来控制。

(1)优点 ①生产不受季节的影响,能够为畜禽创造一个最佳的环境空间;②能够充分发挥生产潜力,提高饲料的转化效率;③有利于控制生长、发育和繁殖;④能够有效控制疾病的传播;⑤有利于实现机械化;⑥能够更好地减轻劳动强度,提高生产效率。

(2)缺点 无窗式畜禽舍建筑物和附属设备要求较高,投资较大,要有充足的电力,要求饲养管理水平较高,必须供给全价的饲料;还要有科学的管理手段,周密的生产计划,有效的防疫措施以及"全进全出"的饲养制度。

3.联栋式畜禽舍

联栋式畜禽舍可减少畜禽场的占地面积,降低建设投资,但管理要求高。

总之,随现代畜禽产业的发展,畜禽舍的形式在不断地变化。新材料、新技术的不断应用以及温室技术与养殖生产的有机结合,为降低建造和运行成本,控制舍内环境,实现优质、高效和低耗生产奠定基础。

项目小结

本项目主要讲述了畜禽舍基本结构、畜禽舍类型及其小气候特点,重点强调了现代畜禽舍的建筑形式。要求学生重点掌握现代畜禽舍的建筑形式和畜禽舍结构特点。

学习思考

简述封闭舍、半开放舍和开放舍结构特点及小气候特点。

畜禽场设备设施

项目一　禽场设备设施

【项目导入】

随着规模化养殖的不断深入,禽场设备设施逐渐完善并进一步向现代化发展。与此同时,对相关专业的学生和技术人员的要求也就越来越高。本项目将简要介绍禽场设备设施,以供参考。

【知识储备】

为了更好地保护生态环境,严格控制畜禽疫病的传播,生产合格禽类产品,有效减少成本消耗,增加经济效益,科学化、集约化养殖是现代养殖业的必由之路,而机械化、自动化和智能化的现代饲养管理设备是发展现代养殖业的关键。为此,本项目将以鸡为例,详细介绍禽场的饲养管理设备。

一、育雏设备

(一)育雏笼

育雏阶段是禽类一生中最关键的一个时期。目前国内外普遍采用四层笼养育雏工艺,所用的叠层育雏笼有电加热育雏笼(图 2-1)和不加热育雏笼 2 种。

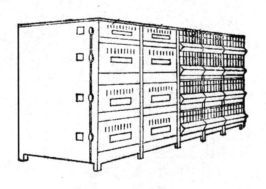

图 2-1　电加热育雏笼

(二)电热育雏伞

在网上或地面散养雏鸡时,采用电热育雏伞(图 2-2 至图 2-4)可以提高雏鸡体质和成活率。

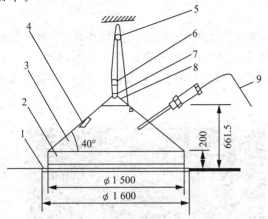

图2-2　温床式电热育雏伞结构示意图(单位:cm)

1.温床;2.布围裙;3.保温伞;4.观察孔;5.上滑轮;
6.下滑轮;7.吊环;8.拉绳;9.感温探头

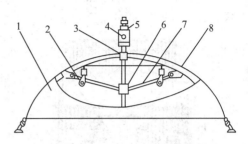

图2-3　折叠式电热伞结构示意图

1.伞面;2.热源;3.主管上接头;4.控温器;
5.主管;6.主管下接头;7.撑杆;8.伞架

二、笼具

笼具是现代化养鸡的主体设备,不同笼养设备适用于不同的鸡群。

鸡笼的分类:①按组合形式可分为:全阶梯式、半阶梯式、叠层式、复合式和平置式;②按几何尺寸可分为:深型笼和浅型笼;③按鸡的种类分为:蛋鸡笼、肉鸡笼和种鸡笼;④按鸡的体重分为:轻型蛋鸡笼、中型蛋鸡笼和肉种鸡笼。

图2-4　折叠式电热伞外观

鸡笼的设计总体要求:①鸡在笼内应有一定的活动空间和足够的采食长度;②笼底应有一定的弹性,以减少鸡的创伤和破蛋率;③笼底应有一定的倾斜度,使产下的蛋能自动滚到笼外;④笼体耐腐蚀,并有一定的强度,且易于装配。

(一)全阶梯式鸡笼

全阶梯式鸡笼(图2-5、图2-6)为2~3层,其优点是:①各层笼敞开面积大,通风好,光照均匀;②清粪作业比较简单;③结构较简单,易维修;④机器故障或停电时便于人工操作。其缺点是:饲养密度较低。

图2-5　全阶梯式鸡笼简图

图2-6　全阶梯式鸡笼外观

(二)半阶梯式鸡笼

为了进一步提高饲养密度,在全阶梯式笼养基础上,将上下层之间部分重叠,形成了半阶梯式鸡笼(图 2-7、图 2-8)。其饲养密度较全阶梯式鸡笼高,一般可提高 30% 左右,但是比层叠式鸡笼低。与全阶梯鸡笼相比,由于挡粪板的阻碍,通风效果较差,但操作更加方便,便于观察鸡群状态。

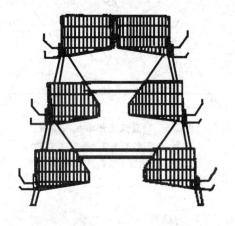 

图 2-7　半阶梯式鸡笼简图　　　　　图 2-8　半阶梯式鸡笼外观

(三)叠层式鸡笼

将半阶梯式鸡笼上下层完全重叠,就形成了叠层式鸡笼(图 2-9、图 2-10),层与层之间有输送带将鸡粪清走。其优点是:饲养密度高,鸡场占地面积大大降低,可提高饲养人员的生产效率。其缺点是:对鸡舍建筑、通风设备和清粪设备的要求较高。

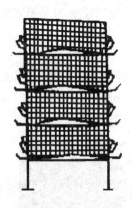 

图 2-9　叠层式鸡笼简图　　　　　图 2-10　叠层式鸡笼外观

(四)平置式鸡笼

平置式鸡笼(图 2-11)跟阶梯式鸡笼一样,其环境状况差不多。优点是除粪作业简化,缺点是饲养密度低。

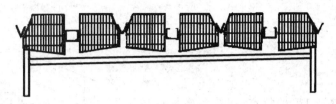

图 2-11 平置式鸡笼简图

(五)种鸡笼

种鸡笼有单层鸡笼和人工授精种鸡笼 2 种。与一般的鸡笼不同,种鸡笼为了确保公、母鸡正常交配或人工授精,应注意:①单笼尺寸与笼网片钢丝直径要适应种鸡体重较大的特点;②一般每个单笼只养 2 只母鸡;③笼门结构要便于抓鸡和进行人工授精。

(六)育成鸡笼

育成鸡笼的应用较为普遍。其可提高育成鸡的成活率和均匀度,增加饲养密度,并且便于管理。一般育成鸡笼为 3~4 层,6~8 个单笼。

(七)育雏育成一段式鸡笼

在蛋鸡饲养两段制的地区,普遍使用育雏育成一段式鸡笼。该鸡笼的特点是鸡可以从 1 日龄一直饲养到产蛋前(100 日龄左右),可减少转群对鸡的应激反应和劳动强度。鸡笼为三层,雏鸡阶段只使用中间一层,随着鸡的长大,逐渐分散到上、下两层。

鸡笼的排列方式:蛋鸡笼的饲养密度一般为 20~26 只/m²;蛋鸡的采食长度为 110~120 mm/只;肉鸡的采食长度为 50~100 mm/只。

几种常见的鸡笼有:有过道平置式鸡笼(图 2-12)、三过道两列式鸡笼(图 2-13)、两过道三

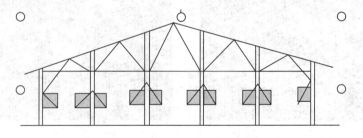

图 2-12 有过道平置式鸡笼

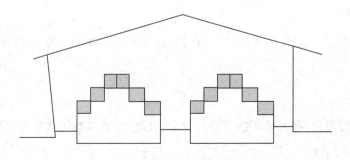

图 2-13 三过道两列式鸡笼

列式鸡笼(图 2-14)。

三、平养

1. 厚垫草平养

厚垫草平养(图 2-15)的特点:在整个鸡舍的地面上铺上4～12 cm厚的垫草(锯木屑、切碎的稻草、麦秸等)。一般用于饲养肉鸡。饲养期间,鸡的粪便混入稻草中,根据污染程度可定期添加新垫草(要消毒);鸡出场以后,将垫草一次性清除。

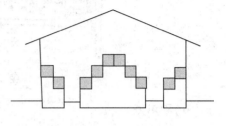

图 2-14　两过道三列式鸡笼

这种饲养方式由于鸡群始终处于受污染的垫草上,因而卫生条件较差,不适宜饲养生产周期长的品种。

2. 全网(全栅条)平养

在鸡舍的整个饲养面积内架设金属网或木制栅条,鸡粪可通过网格或栅条缝隙漏下,每天由刮板清除,也可以转群时由人工或装载机一次清除。

3. 半网(半栅条)平养

在鸡舍的中央或一侧或两侧设纵向网架,上铺金属网或木制栅条,其余为厚垫草地面。半网地面占鸡舍面积的 1/3～2/3。鸡粪漏入半网下面,或和草垫一起清除(图 2-16)。

图 2-15　厚垫草平养

图 2-16　半网平养

四、饮水设备

饮水设备分为以下5种:吊塔式(图 2-17a)、真空式(图 2-17b)、乳头式(图 2-18)、杯式和水槽式。

五、喂饲设备

在鸡的饲养管理中,喂料耗用的劳动量较大,因此,大型机械化鸡场为提高劳动效率,采用机械喂料系统。

喂料系统包括:贮料塔、输料机、喂料机和饲槽等。

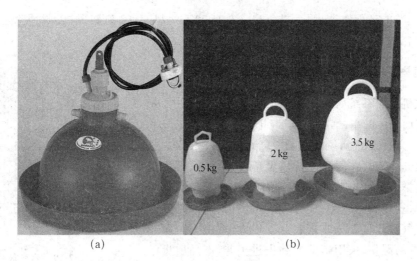

(a)　　　　　　　　(b)

图 2-17　饮水设备
(a)吊塔式;(b)真空式

六、清粪设备

鸡舍内的清粪方式有:人工清粪和机械清粪 2 种。

机械清粪常用设备有:刮板式清粪机、传送带式清粪机和抽屉式清粪机。

刮粪板式清粪机多用于阶梯式笼养和网上平养;传送带式清粪机多用于叠层式笼养;抽屉式清粪机多用于小型叠层式鸡笼。

七、环境控制设备

图 2-18　乳头式饮水器

(一)光照设备

目前,鸡场采用白炽灯、日光灯和高压钠灯等光源来照明,白炽灯应用普遍。也可用日光灯管照明,将灯管朝向天花板,灯光照射到天花板上再反射到地面,这种散射光比较柔和、均匀,且用日光灯照明比较节电。光控仪是控制光照时间和强度的仪器,可以自动控制光照时间和强度,并能自动开关照明灯。目前,我国已经生产出鸡舍光控仪,可由石英钟机械控制或电子控制。较好的是电子显示光照控制器,其特点:开关时间可任意设定,控时准确;光照强度可以调整,若光照时间内日光强度不足,会自动启动补充光照系统;灯光渐亮和渐暗;在停电的时候,程序不会乱。

(二)通风设备

通风又称换气,是用机械或自然的方法向室内空间送入足够的新鲜空气,同时把室内不符合卫生要求的污浊空气排出,使室内空气满足卫生要求和生产过程需要。建筑中完成通风工作的各项设施,统称通风设备。

通风设备有:除尘净化设备、柜式风机、消防风机、离心风机、水帘风机(图 2-19)、空气净化器、排尘风机、火烟通风机、静电油烟净化器、离心式消防排烟风机、消防柜式离心风机、豪华柜式离心风机、节能环保空调、强力排气扇、C6-48 离心风机、4-72 离心风机、脉冲除尘器、旋风除尘器、净化塔等。

(三)湿垫风机降温系统

湿垫风机降温系统所采用的低压大流量节能风机,采用先进的扭面翘曲叶型。它适用于墙排风在低阻力工况下运行,当静压为 20 Pa 时,风机的风量可达 25 000 m³/h,风机的功率仅 550 W。在同样的排风量条件下,该风机比我国传统的墙排风风机的能省电 60%～70%。在湿垫风机降温系统设计、安装和运行时,应合理组织室内气流,以最大限度地降低气流死区。原北京农业工程大学(现中国农业大学)新研制的湿垫,采用新配方和先进工艺,产品质量已达到美国、荷兰等发达国家的先进水平,降温饱和效率在

图 2-19 水帘风机

80%以上,干湿收缩率在 0.7%以下,阻力损失小于 10 Pa(在垫面风速为 1 m/s 时),而售价仅为美国价格的 40%。

八、孵化设备

孵化设备是指孵化过程中所需物品的总称,它包括:孵化机(图 2-20)、出雏机(图 2-21)、孵化机配件、孵化房专用物品、加温设备、加湿设备及各个测量系统。孵化设备最重要的部分是孵化机。

孵化设备种类可以分为小型孵化设备、中型孵化设备、大型孵化设备、全自动孵化出雏一体化设备,产品均由微计算机全自动控制。

图 2-20 孵化机

(一)孵化机

孵化机是指人工模拟卵生动物母性进行孵蛋的温湿度等条件,经过一定时间将受精蛋发育成生命的机器,主要用于种蛋孵化、胚胎发育、养殖场、孵化场、孵化厂、养鸡场、个人孵化、家庭孵化、单位孵化、学校孵化、生物孵化、胚胎孵化、特禽孵化、家禽孵化等。

(二)出雏机

出雏机,又名发生机、生产机或出壳机。出雏机就是受精卵经过孵化机一段固定时间的发育,已在蛋壳内发育生长成生命的雏形,再经人工条件作用下,破壳生产出小雏的机器。出雏机最简单的理解是静物(卵蛋)变成活物(动物),它的出现大大提高了种蛋的孵化率,是孵化后期的保证。

图 2-21 出雏机

(三)照蛋器

照蛋器(图 2-22)由一个照蛋灯电源和两个照蛋灯头组成,适用鸡、鸭、鹅蛋的各孵化阶段的照蛋。

图 2-22 照蛋器

 项目小结

本项目主要阐述了禽场的常用设备和饲喂机械设备。要求同学们掌握禽场笼具、饮水、清粪等设备的相关知识。

 学习思考

1. 饮水设备的类型有哪些?

2. 鸡笼设备按组合形式可分为哪几种?

项目二 牛场设施设备

【项目导入】

随着养牛场规模化和集约化养殖的不断深入,牛场设备设施逐渐完善并进一步实现现代化。与此同时,对相关专业的学生和技术人员的要求也就越来越高。因此,本项目将介绍牛场的设备设施,以供参考。

【知识储备】

一、牛舍设施与设备

一般牛舍内的主要设施有:牛床与拴系设备、喂饲设备、饮水设备、粪便清理设备以及舍外的运动场等其他相关设施。

(一)牛床

牛床必须保证奶牛舒适、安静地休息,保持牛体清洁,便于挤奶操作(舍内挤奶时)并容易打扫。牛床应有适宜的坡度,通常为 $1\%\sim1.5\%$ 。目前,牛床都采用水泥面层,并在后半部划线防滑。在冬季,为降低寒冷对奶牛生产的影响,需要在牛床加铺垫料。最好采用橡胶等材料铺作牛床面层。

(二)拴系设备

拴系设备用来限制牛在床内的活动范围。拴系设备的形式有软链式、硬关节颈架式。

(三)饲喂设备

奶牛的饲喂设施包括饲料的装运设备、输送设备、分配设备以及饲料通道等。图 2-23 所示的为穿梭式喂料车。

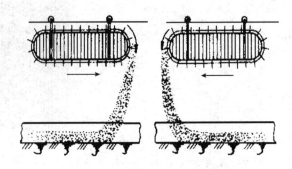

图 2-23　穿梭式喂料车简图

常用的饲喂方式有 2 种：一种是采用单一类型的全日粮配合饲料，即用青贮料和配合饲料调制成混合饲料，供畜禽食用；另一种是在采用舍饲散栏饲养时，大部分精料在挤奶时饲喂，青贮料在运动场或舍内食槽内饲喂，青、干草一般在运动场上饲喂。

(四)饮水设备

牛场舍内饮水设备包括输送管路和自动饮水器或水槽。

(五)舍内清粪设备

1.清粪通道与粪沟

消粪通道是牛舍建造设计中不可缺少的组成部分，它们统一使用的标准是长为 12～15 m，要求便于手推车运送草料，清粪通道同时是牛进出及挤奶工作的通道，其宽度要能满足粪尿运输工具的往返，并考虑挤奶(初乳)工具的通行和停放，且不被牛粪尿所溅污。

2.清粪形式及设备

牛舍的清粪形式有机械清粪、水冲清粪、人工清粪。我国奶牛场多采用人工清粪。机械清粪中采用的主要设备有连杆刮板式(图 2-24)，适用于单列牛床；环行链刮板式，适用于双列牛床；双翼形推粪板式，适用于舍饲散栏饲养牛舍。

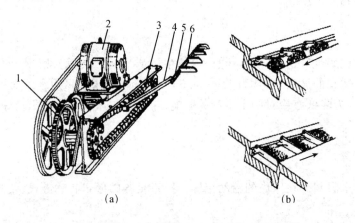

(a)　　　　　　　　　　(b)

图 2-24　连杆刮板式清粪装置(a)和刮板在工作时的状况(b)

1.减动齿轮；2.发动机；3.驱动链；4.连杆；5.推粪杆；6.刮板

二、挤奶厅和挤奶设备

(一)挤奶厅

挤奶厅的位置一般采用下列 2 种布置形式:挤奶厅设在成年奶牛舍区的中央和挤奶厅设在多栋成年奶牛舍区的一侧。

(二)挤奶设备

1.挤奶设备要求

挤奶设备应按不同的饲养方式、牛群规模、管理条件、生产水平、牛群疾病、操作人员的水平和素质、水电零配件、清洗液或消毒液供应、售后服务与价格等情况进行选择。综合分析,选用对牛群较佳的挤奶设备,从而获取最佳的生产效益和经济效益。

理想的挤奶设备应具有:①能完全、快速和符合卫生要求地从乳房中吸出牛奶,对牛体,特别是乳房组织和乳头的刺激应在最低程度;②整个设备易清洗、保养、检测和维修;③在长期实际生产中保持可靠的工作状态。

2.挤奶设备类型

按照形式分类,机械挤奶装置主要有以下几种类型:提桶式、管道式、移动式、挤奶厅式等。选择哪种类型的挤奶装置,主要由奶牛场的规模和饲养工艺决定。

(1)提桶式挤奶装置　主要用于中小型养牛场的拴系牛舍,由挤奶器和真空装置组成。

(2)管道式挤奶装置　适用于中型养牛场的拴系牛舍,由真空系统、真空管道、牛奶管道、挤奶杯组、牛奶收集系统和清洗消毒系统 6 个部分组成。

(3)移动式挤奶装置　适用于奶牛活动范围较大的放牧场。

(4)挤奶厅式挤奶装置　适用于专业化的奶牛场,舍饲散放和散栏饲养的奶牛场多采用这种形式,主要由固定式挤奶器、牛奶计量器、牛奶输送管道、喂饲设备、乳房自动清洗和奶杯自动摘卸等系统组成。

(三)挤奶厅的布置形式

挤奶厅是挤奶中心最重要的部分,按不同需求配置不同形式和不同挤奶栏位的挤奶台,每个挤奶栏位上都有挤奶器、牛奶计量器、牛奶输送设备以及洗涤设备等。常见的挤奶台有下列几种形式。

①横列式(图 2-25);
②串列式(图 2-26);
③侧进式(图 2-27);
④鱼骨式(图 2-28);
⑤转盘式(图 2-29)。

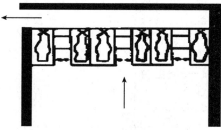

图 2-25　横列式

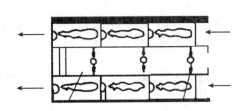

图 2-26　串列式

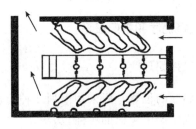

图 2-27　侧进式

图 2-28　鱼骨式

图 2-29　转盘式

(四)蹄浴

蹄浴池直接设置在奶牛返回通道上,奶牛场可根据实际需要每周进行 1～2 次蹄浴。在设计时要注意以下几点:

①返回通道上设置蹄浴池,会放慢奶牛返回牛舍的速度,因而,蹄浴池要尽可能远离挤奶台以减小影响。

②蹄浴池与返回通道同宽,深 15 cm,要求至少能盛 10 cm 深的液体。最小长度为 220 cm,两端设置相应的坡度。

③为避免大量的牛蹄污物落入蹄浴池内,污染消毒液,可以在蹄浴前让牛只通过清水池。

三、青贮设施与青贮设备

青贮的方式主要有 4 种,即采用青贮窖、青贮塔、地面堆贮以及塑料袋青贮,可根据不同的条件和用量选择不同的青贮方法及相应的配套设施。下面主要介绍青贮窖、地面堆贮和塑料袋青贮 3 种青贮方式。

(一)青贮窖

1. 窖址选择

青贮窖应建在离牛舍较近的地方,地势要高,干燥,易排水,远离水源和粪坑,切忌在低洼处或树荫下建窖,以防漏水、漏气和倒塌。

2. 窖形和规格

小型青贮窖顶宽 2～4 m,深 2～3 m,长 3～15 m;大型青贮窖宽 10～15 m,深 3～3.5 m,长

30～50 m。

3.建窖

土窖壁要光滑,如果利用时间长,最好做成永久性窖。长方形的窖四角修成弧形,便于青贮料下沉,排出残留空气。

4.青贮窖容积计算和青贮料重量

青贮窖的宽度和深度取决于每日饲喂的青贮量,通常以每日取料的挖出量不少于 15 cm 为宜。在宽度和深度确定后,根据青贮需要量,计算出青贮窖的长度,也可根据青贮窖容积和青贮原料容重计算出青贮料重量。

5.装卸设备

青贮窖可以由青饲料切碎机在切碎的同时装料,或由青饲料收获机后面的拖车运回自卸装入。

(二)地面堆贮

地面堆贮是一种较为简便的青贮方法。选择干燥、平坦的地方,最好是水泥地面。四周用塑料薄膜盖严,也可以在四周垒上矮墙,铺塑料薄膜后再添青绿饲料。一般堆高 1.5～2 m,堆宽1.5～2 m,堆长 3～5 m。顶部用泥土或重物压紧。这种形式贮量较少,保存期短,适用于小型养殖规模。

(三)塑料袋青贮

采用塑料袋青贮方式有以下优点:①投资少,见效快,综合效益高;②青贮质量好,粗蛋白质含量高,粗纤维含量低,消化率高,适口性好,采食量高,气味芳香;③损失浪费极少,霉变损失、流液损失和喂饲损失均大大减少;④保存期长,可长达 1～2 年;⑤不受季节、日晒、降雨和地下水位的影响,可在露天堆放;⑥集中收割、晾晒,可短时间内完成青贮生产;⑦储存方便,取饲方便;⑧节省建窖费用和维修费用;⑨节省建窖占用的土地面积和劳动力;⑩节省上窖劳动力;⑪不污染环境;⑫易于运输和商品化。主要步骤:将青贮原料切短、切细,喷入或装入塑料袋中,排尽空气并压紧后扎口。如果无抽气机,应装填紧密,加重物压紧。

四、肉牛场设施与设备

(一)牛床

牛床可以采用水泥抹面,导热性能好,坚固耐用,易于清洗和消毒。

(二)饲槽

饲槽有固定式和活动式 2 种,一般设置在牛床前面。

(三)水槽

水槽和饲槽同样是不可缺少的舍内设施,可以采用自动饮水器,也可以采用装有水龙头的水槽。寒冷地区水槽要求防寒抗冻,必要时冬季可以使用温水。

(四)清粪通道

清粪通道同时也是牛只出入的通道,清粪通道一般须设置一定的坡度,并设置防滑凹槽。

(五)粪尿沟

人工清粪牛舍一般在牛床和通道之间设置粪尿沟,粪尿沟要求不渗漏和壁面光滑。沟宽 30～40 cm,深 10～15 cm,纵向排水坡度为 1%～2%。

(六)饲料通道

饲料通道设置在饲槽的前端,一般以高出地面 10 cm 为宜,宽一般为 1.5～2 cm。

(七)运动场

饲养种牛、犊牛的牛舍,应设立运动场。运动场多设在栋舍间的空余地带,四周用栅栏围起来,将牛只散放或拴系其内。运动场以三合土地面为宜。运动场应设立补饲槽和水槽。育肥牛一般要减少运动,饲喂后拴系到运动场的固定柱上休息,以减少饲料消耗,提高增重。繁殖母牛每天应保证充足的运动量和日光浴。公牛应强制运动,以保持健康。

(八)其他设备

1.管理设备

管理设备主要包括刷拭牛体器具、拴系器具、清理畜舍器具、体重测试器具。另外,还需要配备耳标、无血去势器、体尺测量器械等。

2.其他设备

肉牛场设备还包括兽医防疫设备、场内外运输设备及公用工程设备等。

项目小结

本项目主要阐述了挤奶厅的布置形式。要求同学们掌握禽场笼具、饮水、清粪等设备的相关知识。

学习思考

1.一般牛舍内的主要设施有哪些?
2.常见的挤奶台有几种布置形式?

项目三　猪场设备设施

【项目导入】

随着规模化和集约化养殖的不断深入,猪场的设备设施不断更新和逐渐完善并进一步实现现代化。与此同时,对相关专业的学生和技术人员的要求也就越来越高。本项目将介绍猪场的设备设施,以供参考。

【知识储备】

一、猪栏

猪栏的设置和结构形式,因猪场的管理水平、规模大小、投资状况、饲养工艺的不同而不同。规模化猪场一般分为公猪栏、空怀配种猪栏、妊娠母猪栏、分娩母猪栏、断奶仔猪保育栏和生长肥育猪栏。猪栏的结构形式和大小,首先以满足猪在该阶段对适宜空间和环境的需要而定;其次要便于饲养人员对猪的管理。

(1)公猪栏和空怀配种猪栏　其配置应考虑有利于猪配种和猪舍的利用。封闭式猪舍公猪栏和空怀配种猪栏的配置方式有2种。

第一种配置方式是,公猪栏和待配母猪栏紧密相连,3~4个待配母猪栏对应1个公猪栏,公猪栏同时又是配种栏。这种配置,母猪栏必须是个体定位饲养栏。公猪栏设在母猪栏的后方,每个公猪栏只饲养1头公猪,这样有利于利用公猪检查鉴定发情母猪,便于管理。

第二种配置方式是,公猪栏与空怀配种猪栏均为单列式猪舍,分成前后两列(小猪场可并列成一排),中间为配种区。其优点是母猪群养,可以相互诱导发情,便于发情。

这两种配种栏的配置各有优缺点。第一种配置方式的优点是占地面积小,不需要另设专用配种栏,配种时只需要移动母猪,可简化操作程序;但对断奶母猪体质的恢复及公猪的运动不利。第二种配置方式则相反。

(2)妊娠母猪栏　其形式有多种。农户养猪不分妊娠母猪与分娩母猪,通常1猪1栏;集体养猪,则多为2~3头1栏。规模化猪场多采用大小栏相结合(群养单饲栏),少数猪场采用个体定位饲养。妊娠母猪群养单饲栏是把母猪群养在1个大栏内,在大栏前部安装长60 cm、宽50~55 cm的单饲隔栏,大栏内的每1头母猪都占有1个小隔栏。当母猪采食时,自动进入小隔栏,平时则在大栏内自由活动与休息。妊娠母猪个体定位饲养栏和群养单饲栏相比较有以下优点:①猪栏占地面积少,节约基建投资;②集约化程度高,便于管理;③易于观察母猪发情,做到及时补配;④母猪相互隔离,不打架、不争食,日粮分配趋于合理,并能防止由机械原因引起的流产。其缺点是:舍内设备投资增加,母猪肢蹄病相应增多,影响母猪利用年限。群养单饲方式则与之相反。

(3)分娩母猪栏　规模化养猪一般都是将分娩母猪集中在专用分娩舍内分娩。母猪集中分娩比分散分娩便于管理,还可节省劳动力和降低劳动强度。母猪网床分娩栏,可使母猪和仔猪不与粪尿接触,减少仔猪疾病传播,并有利于环境控制,满足仔猪对环境条件的要求。分娩栏的中间部分为母猪限位区,两侧为仔猪活动区。限位区的前端设有母猪食槽和饮水器,尾端有防止母猪后退的装置(横杆)与连接两侧仔猪活动区的通道。仔猪活动区设有保温装置(保温箱、电热地板、红外线灯),并配备饲料槽与饮水器。分娩母猪栏见图2-30。

(4)断奶仔猪保育栏　仔猪断奶后,一般转到保育栏内继续培育,刚断奶的仔猪正值生长发育旺盛阶段,相对增重速度较快,饲料利用率

图2-30　分娩母猪栏

也较高。但此时仔猪的各种生理机能还不健全，适应性较差，所以，人为地给仔猪提供一个清洁、干燥、温暖、空气新鲜的优良环境是非常必要的。断奶仔猪保育栏见图2-31。

（5）生长肥育猪栏　其隔栏、地板多种多样。有水泥隔板、水泥地面或水泥漏缝地板结构的，这种结构较为经济，但损坏后不便修理；还有金属隔栏、水泥地面、水泥漏缝地板或金属漏缝地板结构的，这种结构造价较高，但维修、消毒都较方便；也有铝合金隔板、水泥地面与金属漏缝地板相结合的，这种结构投资大，一般猪场不易做到。

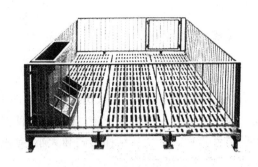

图 2-31　断奶仔猪保育栏

二、猪场的地面处理

一般农户和养猪大户及小规模集体猪场，多采用水泥地面或立砖地面，只有少数采用片石或三合土地面。现代化猪场多以水泥地面和漏缝地板相配套。无论采用何种形式，均须干燥、卫生，便于消毒。

（1）水泥地面、立砖地面　水泥地面先要把基础处理好。立砖地面要挑选平面整齐、抗压性强的砖，立直挤严。两种地面相比较，立砖地面有较好的弹性和保温性，但不易彻底消毒。

（2）漏缝地板　其种类较多，有块状、条状和网格状等。使用的材料有水泥、金属、塑料和陶瓷等。漏缝地板见图2-32。

①水泥漏缝地板。其规格很多，但要根据猪栏的规格来定。水泥漏缝地板制作时，最好用金属模具。水泥、沙、石等原材料的配制要合理，并要用振动器捣实，表面要平整光滑，内无蜂窝状疏松空隙，避免粪尿积存。漏缝地板内要有钢筋"龙骨"，确保地板有足够的承受强度。

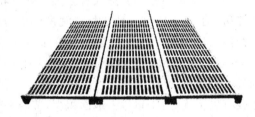

图 2-32　漏缝地板

②金属漏缝地板。由于漏缝较大，粪尿易于下漏，缝隙不易堵塞，并有一定的防滑性。

③塑料漏缝地板。是以工程塑料模压而成的，条宽2.5 cm，缝宽2 cm。它可小块拼装组合，使用方便。该地板因其保温性能好、导热系数低而广泛应用于哺乳仔猪休息区和断奶仔猪保育栏中。

三、猪场的供水系统

猪场的供水主要包括猪的饮用水和清扫用水两大部分。水源丰富的猪场可用一套供水系统。

（1）自动饮水系统　包括供水管道、过滤器、减压阀（或补水箱）和自动饮水器等部分。自动饮水系统可四季日夜供水，清洁卫生。有条件的猪场可安装自动饮水系统。

（2）非自动饮水系统　是我国传统养猪设备之一，常用的有水泥槽和石槽等，适用于没有自来水设备的小场和个体户养猪。这种设备投资少，但卫生条件差，浪费水。

四、猪场的供料设备

猪场的供料设备多为自动供料设备。猪食槽的种类繁多,以下介绍水泥食槽和自动食槽。

(1)水泥食槽　适用于饲喂湿拌料。连通式水泥食槽多用来饲喂育肥猪和群养种猪,单个食槽则多用来饲喂网床分娩母猪和定位饲养种猪。水泥食槽坚固耐用,价格低廉,可兼做水槽。卫生条件差是其不足之处。

(2)自动食槽　也称自动采食箱,它有圆形与长方形2种形状,以长方形自动食槽应用较为普遍。自动采食箱有"全天候"喂猪的功能,它省工、省力,清洁卫生,适用于集约化饲养。但制作工艺复杂,投资也大。

五、猪舍内的供热保温和通风

(1)供热保温　猪舍内的供热分整体供热和分散供热2种。常见的供热保温方式如下:

①暖气集中供热。猪舍用热和生活用热都由中心锅炉提供,各类猪舍的温差靠散热片的多少来调节。集中供热可节约能源,减少空气污染,但投资大,灵活性也差。

②"土暖气"分散供热。是在需要供热的猪舍内,安装一个或几个民用暖气炉来提高舍温的供热方法。分散供热的灵活性大,便于控制舍温,不受电源限制,投资少,维修方便,但管理不便,也污染环境。

③红外线灯局部供热。特点是简单方便,灵活性强,只需要安装好电源插座即可使用,但受电源限制。

④垫草防寒保温。是传统保温方法之一,仍被规模小的猪场和农户采用。对哺乳仔猪、断奶仔猪使用效果较差,但很经济。

图2-33　猪场专用风机

(2)通风　有纵向通风与横向通风之分。横向通风的单机马力较小,通风效率差,且噪声大;纵向通风是近年发展起来的新方法,虽然单机马力较大,但数量少,可节约总投资,且风量大,耗电少,噪声小,经久耐用。猪场专用风机见图2-33。

项目小结

本项目主要阐述了猪舍内的设备和设施。要求同学们了解通风设备、食槽、漏缝地板、限位栏的相关知识。

学习思考

猪舍漏缝地板的种类有哪些?

模块三

气象环境与畜禽

【模块导入】

气象环境是畜禽生长中重要的影响因素。气象环境会通过不同的途径对畜禽发生作用,不同程度地影响畜禽的健康和生产力。本模块主要详细解读太阳辐射、空气温度、湿度、气流、气压等因素对畜禽健康和生产力的影响。要求学生要熟知这些相关知识并能够熟练应用到生产实践中。

项目一　太阳辐射与畜禽

【项目导入】

太阳辐射是产生各种极其复杂的天气现象的根本原因,对畜禽生理机能、健康和生产力具有很大的直接影响和间接影响。

【知识储备】

一、太阳辐射强度

太阳是一个巨大的热核反应器,在氢原子核聚变为氦原子核的过程中,产生大量的辐射能,称为太阳辐射能,以每秒 33.5×10^{22} kJ 的能量放射到宇宙中,到达地球大气外层的仅是其中的 22 亿分之一。太阳辐射通过大气层时,其中约有 19% 被大气和云层吸收,9% 左右被大气中的各种气体分子和悬浮的微粒散射,25% 左右被云层反射,只有大约 47% 的太阳辐射能量以直射光(24%)和散射光(23%)的形式到达地面。太阳辐射强度是指单位时间内太阳垂直投射到单位面积上的辐射能,单位为 $J/(cm^2 \cdot min)$。

到达地面的太阳辐射强度,除受大气状况的影响外,还与太阳高度角和海拔有关。太阳高度角是指太阳光线与地表水平面之间的夹角。太阳高度角越小,太阳辐射在大气中的射程就越长,被大气减弱得越厉害。太阳高度角的大小取决于地理纬度、季节和同一天的不同时间。高纬度地区太阳辐射强度较弱,低纬度地区则较强。夏季太阳辐射强度较冬季强。太阳辐射强度的最高值均出现在当地时间的正午。海拔越高,大气的透明度越好,灰尘、二氧化碳等的含量越少,太阳辐射强度越大。

到达地面的辐射能,一部分被地面吸收,转变为热能,一部分反射回大气中。地面的反射率取决于地表的物理状态。雪地的反射率最大,可达 80%～90%,其他地面的反射率如下:黄沙为 34.6%,绿草地为 25.7%,枯草地为 19%,黑湿土壤为 7%。

二、太阳辐射热光谱

太阳辐射是一种电磁波,其组成按人类视角反映可分 3 个光谱区:红外线、可见光、紫外线。太阳辐射的光谱见表 3-1。

表 3-1　太阳辐射的光谱　　　　　　　　　　　　　　　　　　　　nm

辐射种类	红外线	红	橙	黄	绿	青	蓝	紫	紫外线
波长	$3 \times 10^5 \sim 760$	$760 \sim 620$	$620 \sim 590$	$590 \sim 560$	$560 \sim 500$	$500 \sim 470$	$470 \sim 430$	$430 \sim 400$	400 以下

三、太阳辐射在畜禽生产上的应用

(一)太阳辐射的一般作用

太阳辐射的时间和强度直接影响动物的行为、生长发育、繁殖和健康等,并通过影响气候因素(如温度和降水等)和饲料作物的产量和质量来间接影响动物的生产和健康。光照射到生物体上,一部分被反射,另一部分进入生物组织内部被吸收。光能被吸收后,转变为其他形式的能量,引起光热效应、光化学效应和光电效应以及光敏反应。

1.光热效应

光的长波部分,如红光或红外线,由于单个光子的能量较低,被组织吸收后,物质的分子或原子发生旋转或振动,光能转变为热运动的能量,即产生光热效应。该效应可使组织温度升高,加速组织内的各种物理化学过程,提高畜禽组织和全身的代谢。

2.光化学效应和光电效应

光的短波部分,特别是紫外线,由于单个光子的能量较大,可激发物质中分子或原子中的电子,引起物质内部发生化学变化的现象称为光化学效应。当入射光的能量更大时,可引起物质分子或原子中的电子逸出轨道,形成光电子而产生光电效应。

3.光敏反应

家畜采食某些含光敏物质的植物,如荞麦、三叶草、苜蓿、灰菜等,会在畜体内累积异常代谢产物,或可感染病灶吸收的毒素等。当受到日光照射时,畜体内积聚辐射能,毛细血管壁被破坏,通透性加强,引起皮肤炎症,甚至皮肤坏死,有时会发生眼、口腔黏膜发炎或消化机能障碍。光敏反应多发生于猪和羊。

光的波长越小,物体吸收光的能力越大,光线进入的深度越小。在所有光线中,物质对紫外线吸收力最大,其穿透力最小;对红外线吸收力最小,其穿透力最强。光线只有被吸收后,才能在组织内引起各种效应。因此,紫外线引起的光生物学效应最为明显,可见光次之,红外线最差。

(二)紫外线作用

1.紫外线的分类

紫外线对动物体的作用与波长有关,一般按波长大小分为 A 段、B 段和 C 段。

①A 段。波长为 320～400 nm,生物学作用较弱,主要作用是促进皮肤色素沉着。

②B 段。波长为 275～320 nm,生物学作用很强,机体对紫外线照射的种种反应主要由此段紫外线所引起,最显著是红斑作用和抗佝偻病作用。

③C 段。波长在 275 nm 以下,生物学作用强烈,对细胞和细菌有杀伤力。易被大气吸收,不能到达地面。

2.紫外线的生物学效应

(1)有益作用 主要有杀菌、抗佝偻病、色素沉着、增强免疫力、提高生产力等作用。

①杀菌。紫外线的化学效应使细菌核蛋白变性、凝固而死亡。紫外线的杀菌效果取决于波长、辐射强度及微生物对紫外线照射的抵抗力。波长 254 nm 的紫外线杀菌能力最强,波长过长或过短,其杀菌力均减弱。增加紫外线的照射强度和照射时间,可增强杀菌作用。不同种类的细菌对紫外线具有不同的敏感性。空气细菌中白色葡萄球菌对紫外线最敏感,耐受能力最强的是黄色八叠球菌、炭疽芽孢杆菌,真菌对紫外线的耐受力比细菌强。紫外线也能杀死病毒,用一个 15 W 的杀菌灯照射 14 m³ 的隔离室 60 min,可使空气中流感病毒全部死亡。紫外线主要用于空气、物体表面的消毒及表面创伤感染的治疗,不能杀灭灰尘颗粒中的细菌和病毒。

在生产中常用紫外线灯进行灭菌。目前,在畜禽舍(鸡舍、鸭舍、猪舍等)使用的低压汞灯,辐射出 254 nm 紫外线,具有较好的灭菌效果。

②抗佝偻病。紫外线照射皮肤,使皮肤中的 7-脱氢胆固醇转变为维生素 D_3,从而促进肠道对钙和磷的吸收。紫外线在太阳高度角小于 35°时,一般不能到达地面。冬季对畜禽进行人工紫外线照射,应选用波长为 283～295 nm 的紫外线。在现代化的封闭舍中,畜禽常年不见阳光,应注意日粮中维生素 D 的供给。

在畜禽生产中,常用人工保健紫外线(280～340 nm)照射畜禽,来提高其生产性能。实践证明,采用 15～20 W 的紫外线灯,按 0.7 W/m² 安装,距被照射家禽 1.5～2 m 高,每日照射 4～5 次,每次 30 min,其生产率、产蛋和孵化率均明显提高。照射奶牛、奶羊,可提高产奶量和奶中的维生素 D 的含量。

③色素沉着。动物在太阳光照射下,其中的紫外线能增强动物体内酪氨酸氧化酶的活性,促进黑色素的形成,继而沉着于皮肤。黑色素增多,能增强皮肤对光线的吸收,防止大量紫外线透入动物组织深部造成伤害。同时,可加速汗腺排汗散热,避免机体过热。据观察,白猪和黑猪同时在夏季日晒下放牧,白猪全部发生皮肤损伤,黑猪皮肤损伤的只有 1/16。

④增强免疫力。适量照射长波紫外线,能提高血液凝集素的滴定效价,增加白细胞数量,增强血液的杀菌和吞噬作用,提高机体对病原菌的抵抗力。在畜禽生产中,对于舍饲畜禽,可采用小剂量紫外线多次照射。

⑤提高生产力。用波长为 280～340 nm 的紫外线每天照射 2～3 h,可提高畜禽生产力。据报道,用长波紫外线照射雏鸡,可使 60 日龄雏鸡活重提高 23%,心肺的质量都远远超过对照组,成活率提高 3.7%。对种蛋进行长波紫外线照射,孵化率可提高 3%～10%,而且小鸡出壳早,绒毛整洁,活重大,成活率高,体重增长快。用长波紫外线照射仔猪和母牛,仔猪重可提高 22.9%,母牛产奶量增加 10%～20%。紫外线的刺激可增进畜禽食欲,增强胃肠的分泌和运动机能,加深呼吸,加强机体代谢水平。

(2)有害作用 过度的紫外线照射,可引起不良反应。

①红斑作用。在紫外线照射下,动物被照射部位的皮肤出现红斑,这是皮肤在照射后经

6～8 h 潜伏期所产生的特异反应。其机制如下:动物组织内的组氨酸在紫外线作用下,转变成组织胺,其可使血管扩张,毛细血管渗透性增大,皮肤发生潮红现象。在生产上常用红斑出现作为确定紫外线适宜照射时间的依据。

②光敏性皮炎。畜禽采食含光敏物质的饲料如荞麦苗或其枯老的茎叶后,饲料中光敏性物质吸收光子而处于激发态,作用于皮肤中的某种物质,令皮肤出现红斑、痛痒、水肿和水泡等症状。光敏性皮炎多发于白色皮肤的猪和羊。

③光照性眼炎。紫外线过度照射动物眼睛时,可引起结膜和角膜发炎,一般波长为295～360 nm 的紫外线最易引起光照性眼炎,长期接触小剂量的紫外线,可发生慢性结膜炎。

④皮肤癌。过度的紫外线照射易诱发皮肤癌,浅色皮肤的畜禽更易发生。

(三)红外线作用

(1)有益作用　对于畜禽而言,红外线具有消肿镇痛和御寒的作用。

①消肿镇痛。红外线照射到动物体表面,其能量在被照射部位的皮肤及皮下组织中转变为热能,引起血管扩张,温度升高,血液循环增强,可促进组织中的物理、化学过程,还可加速物质代谢,使细胞增生,并有消炎、镇痛、降低血压及降低神经兴奋性等作用。在临床上常用红外线来治疗冻伤、风湿性肌肉炎、关节炎及神经痛等疾病。

②御寒。生产上常用红外线灯作为热源对雏禽、仔猪、羔羊和病弱畜禽进行照射御寒,可改善机体的血液循环,促进生长发育。例如,采用红外线灯保温伞育雏,每盏(125 W)可育雏鸡 800～1 000 只,用于照射仔猪,一般每盏一窝。

(2)有害作用　过强红外线辐射可引起一些不良反应。

①使热调节机制发生障碍,表层血液循环增加,内脏血流量减少,胃肠道的消化能力和对特异性传染病的抵抗能力降低,体温升高。

②皮肤温度可升高到 40℃以上,严重时可发生皮肤变性,形成光灼伤,引起全身性反应。

③波长为 600～1 000 nm 的红外线能穿透颅骨,使脑内温度升高,引起全身病理反应,称为日射病。运动场应设遮阴棚或植树,畜禽放牧时需要避开日光照射较强的中午。

④波长为 1 000～1 900 nm 的红外线长时间照射在眼睛上,可使水晶体及眼内液体的温度升高,引起白内障、视网膜脱落等眼睛疾病。

(四)可见光作用

可见光是太阳辐射中能使畜禽产生光觉和色觉的部分,并通过畜禽眼睛的视网膜,作用于中枢神经系统,影响机体代谢。可见光的生物学效应与光的波长、光照强度以及光周期有关。

1. 光的波长(光色)对畜禽的影响

家禽对光比较敏感,尤其是鸡。目前,多数人认为,鸡在红光下比较安静、啄癖、争斗极少,成熟期略迟,产蛋量稍有增加,蛋的受精率较低;在蓝、绿或黄光下,鸡增重较快,成熟较早,产蛋较少,蛋重略大,公鸡交配能力增强。

2. 光照强度对畜禽的影响

在肥育期内的畜禽,过强的光照会引起精神兴奋,减少休息时间,增加甲状腺的分泌,提高代谢率,影响增重和饲料利用率。育肥期光照强度大小和作用时间的确定,要满足以下条件:除便于饲养管理工作的进行外,还要能让畜禽保持基本活动(采食和饮水)。

鸡对可见光的感光阈很低。小鸡在 0.1～1 lx 的光照阈值下增重效果很好;产蛋母鸡的光照阈值也很低,2 lx 产蛋达到很高水平,超过 5 lx 对提高产蛋量效果并不明显。

当光照强度较低时,鸡群比较安静,生产性能和饲料利用率均较高;光照强度过大时,容易引起啄羽、啄趾、啄肛和神经质。无论对肉鸡或蛋鸡、成鸡或小鸡光照强度均不可过高,均应以 5 lx 为宜,最多不超过 10 lx。其他畜禽对光照强度的反应阈较高,试验证明,暗光下(5～10 lx),公猪和母猪生殖器官的发育较正常光照下的猪差;仔猪生长缓慢,成活率降低;犊牛的代谢机能减弱。一般认为,生长期的幼畜和繁殖用的种畜,光照强度要高些。公母猪舍、仔猪舍等的光照强度以 60～100 lx 为宜,育肥猪舍、肉牛舍以 40～50 lx 较好。

3. 光周期对畜禽的影响

随着春夏秋冬的交替,光照时数呈周期性变化,称为光周期。光周期对畜禽的繁殖性能、产蛋性能、生长肥育和饲料利用率、产奶量、产毛量以及健康状况均有一定的影响。

(1)繁殖性能 在自然界中,许多动物的繁殖都具有明显的季节性。马、驴、野猪、野猫、野兔、仓鼠,以及一般食肉兽、食虫兽与所有鸟类,在春夏季日照逐渐延长的情况下发情、交配,称为长日照动物;绵羊、山羊、鹿和一般的野生反刍动物等在秋冬季日照时间缩短的情况下发情、交配,称为短日照动物。有些动物由于人类的长期驯化,其繁殖的季节性消失,如牛、猪、兔常年发情交配繁殖,对光周期不敏感。

一般而言,延长光照有利于长日照动物繁殖活动,可提高公畜禽的性欲,增加射精量和精子密度,增强精子活力。将公鸡光照时间从 12 h/d 延长到 16 h/d,射精量、精子浓度和成活率分别增加 14.3%、51.81% 和 4.3%,畸形率和死精率分别下降 41.9% 和 11.1%。缩短光照可提高短日照公畜禽的繁殖力,若将绵羊光照时间从 13 h/d 缩短到 8 h/d,公羊精子活力和正常精子顶体增加 16.6% 和 27%,用此精液配种,母羊妊娠率和产羔率分别比自然光照组增加 35% 和 150%。在夏季开始时,将母羊光照时间缩短为 8 h/d,可使繁殖期提前 27～45 d。

(2)产蛋性能 小母鸡在短光照,尤其是逐渐缩短光照时间的环境中,性成熟延迟。每日分别用 13 h、14 h 的光处理秋冬季母鸡,与 12 h/d 光照组相比,产蛋率分别增加 71.6% 和 118.5%。产蛋鸡最佳光照时间为 14～16 h/d,突然增加或减少光照时间,会扰乱内分泌系统机能,导致产蛋率下降。

(3)生长肥育和饲料利用率 采用短周期间歇光照,可刺激肉用仔鸡消化系统发育,增加采食量,降低活动时间,提高日增重和饲料转化率。采用间歇光照,可提高肉鸭日增重,降低腹脂率和皮脂率。每日光照时间从 8 h 延长到 15 h,3～6 月龄牛的胸围增加 31.8%,平均日增重增加 10.2%。种用畜禽光照时间应适当长一些,以增加活动量,增强体质;育肥畜禽应适当短一些,以减少活动量,加速肥育。

(4)产奶量 奶牛用 16 h/d 的人工光照,产奶量比 9 h/d 光照组高 6%～15%;将猪的光照从每日 8 h 延长到 16 h,产奶量增加 24.5%。长光照可刺激动物的采食活动,增加营养物质的摄入量,为提高产奶量奠定物质基础;长光照能促进生长激素、催乳素、促甲状腺素和促肾上腺皮质激素的分泌,调节体内能量和物质代谢,使其向有利于乳汁生成的方向发展。

(5)产毛 羊毛一般都是夏季生长快,冬季慢,大多数动物皮毛的成熟,都是在短日照的秋冬季发生。许多动物,如牛、羊、马、猪、兔和禽类,都有季节性换毛的现象,也是由光照周期性变化引起的。例如,在自然界,鸡在日照时间逐渐缩短的秋季开始换毛,牛在日照时间延长的春季脱去绒毛,换上粗毛。当前许多养鸡场对成年母鸡实行 16～17 h 的恒定光照制度,鸡的羽毛因光周期不变一直不能换羽。在生产上可用缩短光照等措施,强制鸡换羽,以控制产蛋周期。

(6)健康状况 连续光照会造成肉用仔鸡关节变形(外翻和内翻)、脊椎强直和膝关节增大等。将光照时间从 23 h/d 减少到 16 h/d,肉用仔鸡死亡率从 6.2% 降低到 1.6%。

项目小结

本项目简述了太阳辐射强度、太阳高度角的概念及其影响因素,阐述了太阳辐射的一般作用,重点讲述了紫外线、红外线的生物学效应,以及可见光的波长、光照强度、光周期对畜禽的影响。要求学生们熟悉太阳高度角的概念及影响因素,掌握紫外线、红外线的作用,理解光照强度、光周期对畜禽的影响。

学习思考

1.名词解释:太阳高度角、光敏反应、红斑作用、光照性眼炎、光周期、长(短)日照动物。

2.影响太阳高度角的因素主要有哪些?

3.太阳辐射的一般作用有哪些?

4.简述紫外线的生物学作用。

5.简述红外线的生物学作用。

6.简述畜禽对光照强度的要求。

7.简述光周期对畜禽的影响。

项目二 空气温度与畜禽

【项目导入】

空气温度(气温)的变化是太阳光到达地球表面的辐射强度、地面状况及海拔高度综合作用的结果,它与地表温度的周期性变化关系密切。在气象诸因素中,气温是核心的因素,它对当时空气物理环境条件起决定性作用。在阐述某气象因素的作用时,都要以当时的气温为前提。

【知识储备】

一、气温的来源与变化

(一)气温的来源

气温来源于太阳辐射。经过大气减弱后到达地面的太阳辐射,一部分被地面反射,另一部分被地面吸收,使地面增热,然后通过辐射、传导和对流将热量传递给空气,这就是空气热量的主要来源。

(二)空气温度的变化

太阳辐射强度因纬度、季节和每天不同时间等而异,某一地区的气温也随时间的变化发生周期性的变化。

1.气温的日变化规律

在一天中,日出前气温最低,日出后气温逐渐回升,14—15时(冬季13—14时)最高,以后气温逐渐降低至日出之前为止,一天中气温最高值与最低值之差称为气温日较差。其大小与纬度、季节、地势和下垫面、天气及植被等有关。我国幅员辽阔,气温日较差各地区不相同,但总的趋势是从东南向西北递增,东南沿海一带为8℃以下,秦岭和淮河一线以北地区达10℃以上,西北内陆地区可达15~25℃。

2.气温的年变化规律

在一年中,一般1月气温最低,7月气温最高,最热月与最冷月的平均气温之差称为气温年较差。其大小与纬度、距海远近、海拔高度与地势、云量和雨量等因素有关。我国1月南北气温相差很大,平均纬度每向北增加1°,气温下降1.5℃;7月南北普遍炎热,从广州到河北省北部,平均气温都在28℃左右,夏季气温通常与地势高低和距海远近关系较大。

气温的非周期性变化是由大规模的空气水平运动引起的。春季气温回升后,常因北方冷空气的入侵,气温会突然下降。在秋末冬初气温下降后,一旦从南方流来暖空气,又会出现气温徒增现象。

二、等热区和临界温度

(一)等热区和临界温度的概念

等热区是指恒温动物主要依靠物理调节维持体温正常的环境温度范围。畜禽无须动用化学调节机能,产热量处于最低水平。等热区的下限温度叫临界温度,低于这个温度,畜禽散热量增多,必须提高代谢率(化学调节)以增加产热量。等热区的上限叫过高温度,高于这个温度机体散热受阻,体内蓄热,体温升高。据范特霍夫方程,温度每升高10℃,化学反应增强1~2倍,即体温每升高1℃,代谢率可提高10%~20%。等热区是临界温度与过高温度之间的环境温度范围。

等热区中间有一个舒适区,畜禽代谢产热刚好等于散热,不需要物理调节就能维持体温恒定,畜禽最为舒适,饲料利用率、生产力最高。舒适区以上开始受热应激,表现为皮肤血管扩张,温度升高,呼吸加快和出汗等;舒适区以下开始受冷应激,表现为皮肤血管收缩,被毛竖立和肢体蜷缩等。

(二)影响等热区和临界温度的主要因素

畜禽上、下临界温度的高低,取决于产热的多少和散热的难易,凡影响畜禽产热和散热变化的一切内在因素和外界因素,都能影响等热区的宽窄以及临界温度和过高温度的高低。

1.畜禽种类

一般体型较大、每单位体重体表面积较小的动物,较耐寒而不耐热,其等热区较宽,临界温度较低。在完全饥饿状态下测定的临界温度:兔子为27~28℃,猪为21℃,鸡为28℃。在饥饿状态下的等热区:鸡为 28～32℃,鹅为 18～25℃,山羊为 20～28℃,绵羊为 21～25℃。

2.年龄和体重

临界温度随年龄、体重的增大而下降,等热区随年龄、体重的增大而增宽。初生幼畜禽临界温度较高,等热区很窄,其体内营养物质储备量少,产热能力低,热调节机能尚不完善,体表面积相对较大,散失热量多。例如,体重为 1～2 kg 的哺乳仔猪临界温度为 29℃,体重为 6～8 kg 的猪临界温度下降为 25℃,体重为 20 kg 的猪临界温度为 21℃,体重为 60 kg 和 100 kg 的猪临界温度分别为 20℃和 18℃。

3.皮毛状态

被毛致密或皮下脂肪较厚的畜禽,保温性能好,其等热区较宽,临界温度较低。如进食维持日粮,被毛长 1～2 mm,刚剪毛绵羊的临界温度为 32℃;被毛 18 mm 的为 20℃。

4.生产力水平

生产力高的畜禽代谢强度大,体内分泌合成的营养物质多,产热量多,临界温度较低。如日增重 1 kg 和 1.5 kg 的肉牛,临界温度分别为－13℃和－15℃。

5.日粮营养水平与畜禽营养状况

饲养水平越高,体增热越多,临界温度越低。例如,被毛正常的阉牛,维持饲养时临界温度为 7℃,饥饿时升高到 18℃;刚剪毛,摄食高营养水平日粮的绵羊临界温度为 24.5℃,采食维持日粮时则为 32℃。营养状况好的畜禽临界温度较低,其体内储备养分多,皮下脂肪厚,可有效地减少散热,耐寒,但不耐热。

6.管理制度

群养畜禽互相拥挤,散热面积减小,个体数量多,产热量相对增加,临界温度比单养的低,等热区较宽。如 4～6 头体重 1～2 kg 的仔猪同放在一个代谢笼中测定,其临界温度为 25～30℃;个别测定,则上升到 34～35℃。此外,较厚的垫草或保温良好的地面,都可使临界温度下降,猪在有垫草时 4～10℃的冷热感觉与无垫草时 15～21℃的感觉相同。

7.对气候的适应性

生活在寒带的畜禽,由于长期处于低温环境,其代谢率高,等热区较宽,临界温度较低,而生活在炎热地区的畜禽恰好相反。动物夏季换粗毛,临界温度提高,冬季换绒毛则相反。

8.其他气象条件

临界温度是在无风、没有太阳辐射、湿度适宜的条件下测定的,所得结果不一定适用于自然条件。如奶牛在无风环境里的临界温度为－7℃,当风速增大到 3.58 m/s 时,则上升到9℃。高温度、强辐射导致畜禽临界温度过高。

(三)等热区理论对指导畜牧业生产的意义

各种畜禽在等热区内,代谢率最低,产热量最少,饲料利用率、生产性能、抗病力均较高,饲料成本最低,经营畜牧业最为有利。在生产中应根据具体情况制订不同的饲养管理方案,以确保畜禽在接近等热内生活和生产。

在寒冷季节或地区,对隔热性能较差的畜禽如猪和幼畜,增大舍饲密度并圈养,提高日粮水平,使用垫草,严防贼风,可显著降低临界温度;草食家畜则多给粗料,以维持体温。在炎热季节或地区,减小舍饲密度,使用导热性能良好的地面,并采取通风换气等防暑降温措施。对临界温度较高的幼畜、猪和鸡等,应设保温隔热较好的外围护结构,辅以人工采暖措施,且要利于夏季通风。对临界温度较低的高产奶牛和育肥牛,夏季严防屋顶和凉棚传入过多的太阳辐射热,在屋顶和棚顶下设隔热层;在热带和亚热带地区,不强调保温,但要严防冬季风雪寒流直接吹袭。

在某些地区,如果单纯追求畜禽舍温度达到等热区,可能需要较高的投资和运营成本,而选用略宽于等热区的生产适温范围,对畜禽生产性能影响不大,且投资和生产成本明显下降。

三、气温对畜禽的影响

气温高于或低于临界温度,对畜禽的生理功能和生产性能都有不良影响。温度越高或越低,持续时间越长,影响越大。

(一)气温与畜禽的热调节

1.高温时动物的热调节

(1)加速外周血液循环　当气温升高时,皮肤血管扩张,大量的血液流向皮肤,把体内的代谢产热带到体表,导致体温升高,体温与气温差增大,辐射、传导和对流等非蒸发散热量增加。同时,皮肤血管扩张,血液循环总量增加,血液含水量增加,其水分易渗透到组织和汗腺中,以供皮肤和呼吸道蒸发所需的水分。

(2)提高蒸发散热量　在一般气候条件下,家畜蒸发散热量约占总散热量的25%,家禽约占17%。随外界环境温度的升高,体温与气温之差减小,非蒸发散热量逐渐减弱,蒸发散热逐渐增强,在高温环境中主要依靠蒸发散热(图3-1)。当环境温度等于体温时,非蒸发散热为零,全部代谢产热均依靠蒸发散热;如果气温高于体温,机体还通过传导、对流和辐射从环境中获得热量,动物只有通过蒸发作用排出体内产生的热量和从环境中获得的热量,才能维持体温正常。牛、马等汗腺发达的动物以皮肤蒸发散热为主,猪、鸡、绵羊等汗腺不发达的动物则以呼吸道蒸发散热为主。

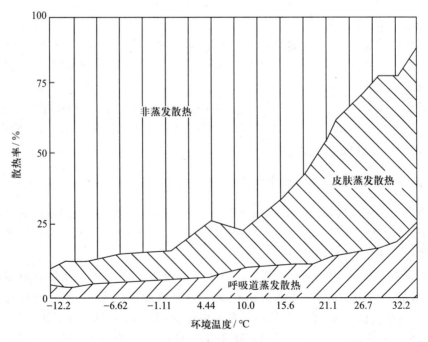

图3-1　黑白花奶牛和娟姗牛在不同环境温度中非蒸发散热、
皮肤蒸发散热和呼吸道蒸发散热所占比例

（3）减少产热量　表现为采食量减少或拒食,生产力下降,肌肉松弛,嗜睡懒动。继而内分泌机能开始改变,最明显的是甲状腺分泌减少,基础代谢率降低,产热量减少。

2.低温时动物的热调节

（1）减少散热量　在低气温下,皮肤血管收缩,减少皮肤的血液流量,体温下降,体温与气温之差减少,汗腺停止活动,呼吸加深,频率下降,非蒸发和蒸发散热量减少。同时,肢体蜷缩,以减少散热面积;竖毛肌收缩,被毛逆立,以增加被毛内空气缓冲层的厚度,这些物理调节的效果是有限的。动物还会通过群集、寻求温暖处所等方式减少体表散热。

（2）增加产热量　在低温环境中,动物肌肉紧张度提高,颤抖,活动量和采食量增加,代谢率升高,将化学能转化为热能以增加产热量。例如,环境温度从 27℃下降到 13℃时,东北民猪早期断奶仔猪每千克代谢体重产热量从 30.8 kJ/h 上升到 38.6 kJ/h。动物在寒冷刺激下颤抖,产热量可增加 3～5 倍。

（二）气温对畜禽生产力的影响

1.气温对家畜繁殖力的影响

（1）对公畜的影响　在正常条件下,公畜的阴囊有很强的热调节能力,其温度低于体温 3～5℃。在持续高温环境下,精液品质下降,一般在高温影响后 7～9 周才可恢复正常水平。高温还抑制畜禽性欲,盛夏之后,秋天配种效果常较差。适当的低温可促进代谢,一般有益无害。

（2）对种母畜的影响　高温使母畜的发情受抑制,还影响受精卵和胚胎的存活率。高温对母畜受胎率和胚胎死亡率影响的关键时期为:在配种后绵羊 3 d 以内,牛 4～6 d 以内,猪 8 d 以内,受胎后 11～20 d 及妊娠 100 d 以后。妊娠期高温还会引起初生仔畜体型变小,生活力下降,死亡率上升。其原因如下:①高温下母畜外周血液循环增加,利于散热,子宫易供血不足,胎儿发育受阻;②母畜采食量减少,营养不良,使胎儿初生重和生活力下降。

2.气温对畜禽生长育肥的影响

当温度低于临界温度时,畜禽进食量会增加,自由进食的能量常无法满足维持能量所需,增重速度下降。温度过高,畜禽进食量迅速减少,增重速度和饲料转化率也降低,导致生产力下降。

鸡的适宜生长温度随日龄增加而下降。1 日龄为 34.4～35℃,18 日龄为 26.7℃,32 日龄降到 18.9℃。肥育肉鸡从 4 周龄起,18℃生长最快,24℃饲料利用率最高,两者兼顾则以 21℃最为适宜。猪生长肥育的适宜温度范围为 12～20℃,牛的生长肥育温度以 10℃左右最佳。

3.气温对家禽产蛋的影响

在一般的饲养管理条件下,各种家禽产蛋的适宜温度为 13～23℃,下限温度为 7～8℃,上限温度为 29℃。气温持续在 29℃以上,鸡的产蛋量下降,蛋重降低,蛋壳变薄。温度低于 8℃,产蛋量下降,饲料消耗增加,饲料利用率下降（表 3-2）。

表 3-2　不同温度下鸡的饲料消耗和产蛋量

项目	环境温度/℃				
	7.2	14.6	23.9	29.4	35.0
日采食量(干物质)/g	101.5	93.3	88.4	83.3	76.1
日食入代谢能/kJ	1 301	1 197	1 138	1 075	98.3
产蛋率/%	76.2	86.3	84.1	82.1	79.2
平均蛋重/g	64.9	59.3	59.6	60.1	58.5
鸡日产蛋重/g	49.4	51.0	50.6	49.5	46.2

4.气温对奶牛产奶量和奶质的影响

(1)产奶量 牛的体型较大,其临界温度较低,特别是高产奶牛,可低达−12℃。中国荷斯坦牛生产性能高,采食量大,耐寒不耐热,热增耗大,产热多,高温对其生产性能影响尤为突出。牛舍温度从10℃逐渐升高到41℃,其产奶量从21℃开始明显下降,41℃时仅剩不到15%(表3-3)。

表3-3　环境与黑白花奶牛产奶量的关系

环境温度/℃	10.0	14.6	21.1	26.7	29.4	32.2	34.0	37.8	40.6
产奶量/%	100.0	98.4	89.3	74.2	69.6	53.0	42.0	26.9	14.5

(2)奶质 气温升高,乳脂率下降,气温从10℃上升到29.4℃,乳脂率下降0.3%。温度继续升高,产奶量将急剧下降,乳脂率却异常地上升。乳脂率变化较大,一年中夏季最低,冬季最高。

(三)气温对畜禽机体的不良作用

1.高温的不良影响

在高温环境下,畜禽通过增加散热量和减少产热量来维持体温的恒定,以适应高温环境,但这种适应能力有一定的限度。外界温度过高或作用时间过长,会降低体温调节中枢的机能,破坏机体的热平衡,引起一系列生理机能失常。

(1)体温 在高温条件下,体温升高是体温调节障碍、机体内蓄热的主要标志。通常可根据在炎热环境中机体体温升高的幅度,作为评定畜禽耐热性的指标。绵羊的耐热能力最强,牛和猪最差。

(2)呼吸系统和循环系统 高温时,畜禽的呼吸变浅,频率增加,出现热性喘息。畜禽从体表和呼吸道蒸发大量水分,血液浓缩。高温使皮肤血管扩张,血液重新分布,内脏贫血而周围血管充血,心跳加快而每搏输出量减少,心脏负担加重。

(3)消化系统 大量出汗造成氯化物流失,导致胃酸分泌量减少,再加上大量饮水,胃液酸度降低,胃肠蠕动减弱。此外,高温血液流向皮肤,消化系统供血不足,消化腺分泌的各种酶类数量减少,活性降低,消化吸收能力下降。通常,在高温环境中,动物食欲减退,消化不良,胃肠道疾病增多。

(4)泌尿系统与神经系统 在高温情况下,机体大量的水分将通过体表及呼吸道排出,经肾脏排出的水量大大减少。同时,脑垂体加强抗利尿激素的分泌,肾脏对水分的重吸收能力加强,尿液浓缩,甚至在尿中出现蛋白质和红细胞等。高温还抑制中枢神经系统的运动区,使机体动作的准确性、协调性和反应速度降低。

2.低温的不良影响

畜禽对低温的适应能力比高温强得多。只要有充足的饲料供应,有自由活动的机会,在一定的低温条件下,仍能保持热平衡,维持恒定的体温。

(1)导致体温下降 畜禽长时间处于过低的温度环境中,超过代偿产热的能力时,将会引起体温下降,并使中枢神经系统的活动受抑制,导致机体对各种刺激的反应能力降低。同时,还伴随血压下降,呼吸变慢、减弱,心跳减弱,脉搏迟缓,嗜睡等现象。严重的会因呼吸及心血管中枢麻痹而死亡。

(2)引起冻伤 冻伤是机体在低温条件下发生的冻害现象。冻伤的发生,除与温度降低的程度和作用时间的长短有关外,还与其他气象因素(湿度、风速)、局部组织的血液循环及机体的机能状态有关。如在风大、湿度大的情况下,畜禽体表被毛稀少的部位(猪的耳壳和尾部,牛的乳房、阴囊等)和下肢均易发生冻伤。

(3)促发感冒性疾病　畜禽机体受冷后,常对一些感冒性疾病(如支气管炎、肺炎、关节炎、风湿症等)的发生和发展起条件性促进作用。如畜禽突然遭受风雨侵袭、劳役大汗后受寒或冬季药浴不当等,都会引起感冒性疾病。

(4)降低饲料的消化率　实践证明,低温会导致畜禽对饲料的消化率降低,并提高机体代谢率,增加产热量。因此,在寒冷的冬季,饲料消耗显著增加,利用率下降。

使用饲养标准时,应特别注意气象因素和畜禽舍保温,以减少饲料能量的浪费。

项目小结

本项目简述了空气温度的来源与变化;重点讲述了等热区和临界温度的概念及主要影响因素,并总结了等热区理论对指导畜禽生产的意义;详细阐述了畜禽在高温或低温时的热调节方法,并讲解了气温对畜禽生产力的影响。要求学生们重点掌握等热区和临界温度的概念及主要影响因素,等热区理论对指导畜禽生产的意义以及畜禽在高温时的热调节方法。

学习思考

1.名词解释:气温日较差、气温年较差、等热区、临界温度。

2.影响等热区和临界温度的主要因素有哪些?

3.简述等热区理论对指导畜禽生产的意义。

4.畜禽在高温环境下是如何进行热调节的?

5.简述气温对畜禽生产力的影响。

项目三　空气湿度与畜禽

【项目导入】

空气在任何状态下都含有水汽。空气中的水汽来自海洋、江湖等水面,以及植物、潮湿的土壤等的蒸发。那么,对于畜禽生活的空间来说,高湿和低湿都会影响畜禽的健康成长,本项目将对此进行分析,并提出可行的意见和建议。

【知识储备】

一、空气湿度的概念

空气湿度是表示空气中水汽含量多少或空气潮湿程度的物理量。空气在任何温度下都含有水汽。

(一)描述空气湿度的指标

1.水汽压

空气是由含水汽在内的多种气体组成的,每一种气体都有一定的分压。由空气中水汽本身所产生的压强称为水汽压。它不易测定,一般要通过间接计算得出来,单位为帕(Pa)。

在一定温度条件下,一定体积的空气容纳水分子的最大量是一个定值,超过这个定值,多余水汽就凝结为液体或固体。将空气中的水汽含量达到最大值时的状态称为饱和状态,空气水汽达到饱和时的水汽压被称为饱和水汽压(表3-4)。空气温度增加,饱和水汽压增大。

表 3-4　在不同温度下的饱和水汽压

温度/℃	−10	−5	0	5	10	15	20	25	30	35	40
饱和水汽压/Pa	287	421	609	868	1 219	1 689	2 315	3 136	4 201	5 570	7 316

2.绝对湿度

绝对湿度指单位体积空气中所含水汽的质量,单位为 g/m³。它直接表示空气中水汽的绝对含量。

3.相对湿度

相对湿度指空气中实际水汽压与同温度下饱和水汽压之比,用百分率表示。相对湿度说明水汽在空气中的饱和程度,是一个常用的指标。公式如下:

$$相对湿度 = \frac{实际水汽压}{同温度下的饱和水汽压} \times 100\%$$

在绝对湿度一定时,随着环境温度的升高,实际水汽压和饱和水汽压均增大,但前者的增速小于后者。因此,在水汽含量不变时,环境温度越高,相对湿度越小。

4.饱和差

饱和差指在某一温度下饱和水汽压与当时空气中实际水汽压之差。饱和差越大,表示空气越干燥,反之表示空气越潮湿。

5.露点

在空气中水汽含量不变且气压一定时,因气温下降,使空气达到饱和时的温度称为露点,单位为℃。空气中水汽含量越多,则露点越高,否则反之。如果气温高于露点,则说明空气水汽尚未饱和;若气温小于或等于露点,则说明空气水汽已达饱和。

(二)空气湿度的变化规律

大气中的水汽主要来自江、河、湖泊、海洋等水面,以及潮湿土壤、植物叶面等水分的蒸发。影响湿度变化的因素(气温、蒸发等)有周期性的日变化和年变化,同理,空气湿度也有日变化和年变化,气温越高,蒸发的水分越多,绝对湿度越大。所以,在一日中和一年中,温度到达最高值的时候,绝对湿度最高;而相对湿度与气温的日变化和年变化相反,在一天中温度最低的时候,相对湿度最高。在清晨日出前,空气中的水分往往达到饱和而凝结为露、霜和雾。我国大部分地区属于季风气候,夏季受来自海洋潮湿空气的影响,冬季又受来自大陆干燥空气的影响。因此,在一年中,相对湿度最高值出现在降水最多的夏季,最低值出现在干燥的冬季。

二、空气湿度的来源与分布

1. 来源

畜禽舍中空气的湿度是多变的,通常大大超过外界空气的湿度。密闭式畜禽舍中的水汽含量常比大气中高很多。在夏季,舍内外空气交换较充分,湿度相差不大。畜禽舍空气中的水汽主要来自畜禽体表和呼吸道蒸发的水汽(占 70%～75%),暴露水面(粪尿沟或地面积存的水)和潮湿表面(潮湿的墙壁、垫草、畜床及堆积的粪污等)蒸发的水汽(占 20%～25%),通风换气带入舍外大气中的水汽(占 10%～15%)。

2. 分布

在标准状态下,干燥空气与水汽的密度比为 1∶0.623,水汽的密度较空气小。在封闭式畜禽舍的上部和下部湿度均较高。畜禽舍中畜禽体和地面的水分不断蒸发,较轻暖的水汽很快上升,聚集在畜禽舍上部。当舍内气温下降低于露点时,空气中的水汽会在墙壁、地面等物体上凝结,并渗入进去,使建筑物和用具变潮,保温性能降低;温度升高后,这些水分又从物体中蒸发出来,使空气湿度升高。若畜禽舍天棚、墙壁长期潮湿,墙壁表面会生长绿霉,墙壁灰泥会脱落,影响建筑物的使用寿命,还会增加维修保养费用。

三、空气湿度对畜禽的影响

(一)空气湿度对畜禽热调节的影响

空气湿度(气湿)对畜禽热调节的作用受温度的影响,在适宜温度条件下,气湿对畜禽产热、散热和热平衡无明显影响,但也需要控制空气湿度。例如,湿度过低会在舍内形成过多的灰尘,易引起呼吸道疾病;湿度过高有利于病原体的繁殖,使畜禽易患疥癣、湿疹等皮肤病,也会降低畜禽舍和舍内机械设备的寿命。一般要求畜禽舍内的相对湿度以 50%～80% 为宜。但在高温或低温环境中,气湿与畜禽热调节关系密切。气湿主要影响畜禽的散热过程。

1. 气湿对蒸发散热的影响

在高温时,畜禽体主要依靠蒸发散热,而蒸发散热量和畜禽体蒸发面(皮肤和呼吸道)的水汽压与空气水汽压之差成正比。畜禽体蒸发面的水汽压决定于蒸发面的温度和潮湿程度,皮温越高,越潮湿(如出汗),则水汽压越大,越有利于蒸发散热。若空气水汽压升高,畜禽体蒸发面水汽压与空气水汽压之差减小,则蒸发散热量亦减少。因而,在高温、高湿环境中,畜禽体散热更为困难,从而加剧畜禽的热应激。

2. 气湿对非蒸发散热的影响

在低温环境中,非蒸发散热是畜禽体主要散热方式,非蒸发散热越少,越有利于低温时畜禽体的热调节。在低温环境中,空气湿度越大,非蒸发散热量越大。其原因是湿空气的热容量和导热性分别比干燥空气高 2 倍和 10 倍,湿空气又善于吸收畜禽体的长波辐射热,此外,在高湿环境中,畜禽的被毛和皮肤都能吸收空气中的水分,增加被毛和皮肤导热系数,降低体表热阻,非蒸发散热量大大增加,机体感到更冷。对于这一点,幼龄畜禽更为敏感。例如,冬季饲养在湿度较高舍内的仔猪,其活重比对照组低,且易引起下痢、肠炎等疾病。

3.气湿对产热量的影响

在适温条件下,湿度高低对畜禽产热量没有影响;如果动物长期处在高温、高湿环境中,蒸发散热受到抑制,代谢率降低,畜禽产热量会减少;如果动物突然处于高温、高湿环境,由于体温升高和呼吸肌强烈收缩,畜禽产热量增加。在低温环境中,高湿可促进非蒸发散热,加剧畜禽冷应激,引起畜禽产热量增加。

4.气湿对畜禽体热平衡的影响

在适宜温度环境中,空气湿度变化对畜禽体热平衡影响并不显著。在高温环境中,空气湿度增大,畜禽体蒸发散热受阻,体温升高。例如,黑白花奶牛在26.7℃时,相对湿度从30%增加到50%,体温升高0.5℃;猪在32.2℃时,相对湿度从30%增加到94%,体温升高1.39℃;在35℃的高温下,相对湿度自57%升高到78%,公羊的体温升高0.6℃,睾丸温度升高1.2℃。湿度的升高可抑制阴囊皮肤的蒸发散热。

在有限度的低温环境中,空气湿度变化对畜禽体热平衡无显著影响,此时动物可通过提高代谢率以维持热平衡。例如,在−1.178～4.4℃的低温环境中,空气相对湿度在47%～91%范围内变化,对牛的体温无明显影响。但低温、高湿的环境会加重畜禽热调节的负荷,加剧畜禽体热平衡的破坏和体温降低的速率。

(二)气湿对畜禽生产力的影响

1.生殖

在高温环境中,增加相对湿度,不利于动物的生殖活动。在适宜温度或低温环境中,相对湿度对动物的生殖活动影响很小。据试验,在7—8月平均气温超过35℃时,牛的繁殖率与相对湿度呈密切的负相关。到9—10月上旬,气温下降到35℃以下,湿度对繁殖率的影响很小。

2.生长和肥育

在适宜温度下,体重30～100 kg的猪,相对湿度从45%上升到95%,增重率和饲料利用率均无显著的差异;但在高温时,气湿的这一变化,可能导致平均日增重下降6%～8%。饲养在7℃以下的犊牛,相对湿度从75%升高到95%,增重率和饲料利用率显著下降,分别为14.4%和11.1%。过低的气湿还对雏鸡羽毛生长不利。

3.产奶量和奶的组成

在适宜温度和低温条件下(气温在24℃以下),相对湿度变化对奶牛的产奶量、乳的组成、饲料和水的消耗以及体重等都没有影响。但在高温环境中,随着相对湿度升高,黑白花牛、娟姗牛和瑞士黄牛等的采食量、产奶量和乳脂率都下降。当气温为30℃时,相对湿度从50%增加到75%,奶牛产奶量下降7%,乳蛋白率也下降。

4.产蛋量

在适宜温度和低温条件下,相对湿度对产蛋量无显著影响。而在高温环境中,空气相对湿度高,对蛋鸡产蛋有不良影响。冬季相对湿度在85%以上时,对产蛋有不良影响。产蛋鸡所需的适宜温度与湿度呈负相关。如相对湿度为75%和50%时,产蛋鸡耐受的最高温度为28℃和31℃。

(三)气湿对动物健康的影响

1.高湿

高湿环境为病原微生物和寄生虫的繁殖、感染和传播创造了条件,使畜禽传染病和寄生虫病的发病率升高,并易于流行。如在高温高湿条件下,猪瘟、猪丹毒和鸡球虫病等最易发生流行,家畜易患疥、癣及湿疹等皮肤病。高湿是吸吮疥癣虫生活的必要条件,因此,高湿对疥癣蔓延起着重要作用。高湿有利于秃毛癣菌丝的发育,使其在畜群中快速发生和蔓延。高湿还有利于空气中猪布氏杆菌、鼻疽放线杆菌、大肠杆菌、溶血性链球菌和无囊膜病毒的存活。高温高湿尤其利于霉菌的繁殖,造成饲料、垫草霉烂,赤霉菌病及曲霉菌病大量发生。在梅雨季节,畜禽舍内高温高湿往往导致幼年畜禽肺炎、白痢和球虫病暴发蔓延或流行。

在低温高湿环境中,家畜易患各种呼吸道疾病,如感冒、支气管炎、肺炎,以及肌肉、关节的风湿性疾病和神经痛等。但在温度适宜或偏高的环境中,高湿有助于空气中灰尘下降,使空气较为干净,对防止和控制呼吸道疾病有利。

2.低湿

空气过分干燥,特别是再加以高温,能加速皮肤和外露黏膜(眼、口、唇、鼻黏膜等)水分蒸发,造成局部干裂,从而减弱皮肤和外露黏膜对微生物的防卫能力。如相对湿度40%以下时,易引起畜禽呼吸道疾病。低湿有利于白色葡萄球菌、金黄色葡萄球菌、鸡白痢沙门氏杆菌以及具有脂蛋白囊膜病毒的存活,易使家禽羽毛生长不良。低湿还是家禽发生互啄癖和猪发生皮肤落屑的重要原因之一。空气干燥会使空气中尘埃和微生物含量升高,易引发皮肤病、呼吸道疾病,并有利于其他疾病的传播。根据动物的生理机能,相对湿度为50%~70%是比较适宜的。牛舍用水量大,相对湿度可放宽到85%。

项目小结

本项目讲述了空气湿度的概念,描述了空气湿度的指标和空气湿度的变化规律;简述了空气湿度的来源和变化;重点讲述了空气湿度对畜禽热调节、生产力及其健康的影响。要求学生们重点掌握描述空气湿度的几个常用指标的含义以及空气湿度对畜禽热调节的影响。

学习思考

1.名词解释:空气湿度、水汽压、饱和水汽压、绝对湿度、相对湿度、饱和差、露点。

2.简述畜禽舍内空气湿度的来源及分布规律。

3.简述空气湿度对畜禽热调节的影响。

4.空气湿度对畜禽的生产力和健康有怎样的影响?

项目四　气流、气压与畜禽

【项目导入】

气流和气压等因子的变化对动物的生理机能、生产性能和健康也会产生影响。合理通风换气，排出有害气体，防止畜禽舍潮湿是提高动物生产力的有效措施。引种到 3 000 m 以上的高海拔地区的畜禽，应注意逐渐过渡，以适应低气压环境。在自然条件下，应注意综合气象因素对畜禽健康和生产力的影响。

【知识储备】

一、气流、气压的产生和变动

（一）气流的产生

在地球表面上，由于空气温度的不同，各地气压的水平分布亦不相同。气温高的地区，气压较低，气温低的地区，气压较高。空气从高气压地区向低气压地区的水平流动，被称为风。两地的气压相差越大，风速也越大。在同样的气压差下，风速与两地的距离有关，距离越近，风速越大，距离越远，风速越小。我国大陆处于亚洲东南季风区，夏季大陆气温高，空气密度小，气压低，海洋气温低，空气密度大，气压高，故盛行东南风，带来潮湿的空气和充沛的降水；冬季大陆温度低，空气密度大，气压高，海洋温度高，空气密度小，气压低，故盛行西北风或东北风。西北风较干燥，东北风多雨雪。此外，西南地区还受季风的影响，夏季刮西北风，冬季吹东北风。

（二）气流的状态

气流的状态通常用风向和风速来表示。风向就是风吹来的方向，气象上以圆周方位来表示风向，常以 8 个或 16 个方位表示。风向是经常发生变化的，在一定时间内某风向出现的次数占该段时间刮风总次数的百分比称为风向频率。将某一地区、某一时期内诸风向的频率依据罗盘方位，按比例绘在 8 个或 16 个中心交叉的直线上，然后把各点用直线连接起来得到的几何图形被称为风向频率图。它可以表明一定地区一定时间内的主导风向，在选择畜禽场场址、建筑物配置和畜禽舍设计上都有重要的参考价值。风速是在单位时间内，空气水平移动的距离，常以 m/s 为单位。气象上也常用蒲氏风级来表示。

（三）畜禽舍中的气流

由于温度高低和风力大小的不同，畜禽舍内外的空气通过门、窗、通气口和一切缝隙进行自然交换而形成舍内外空气流动，或利用通风设备形成舍内空气流动。在畜禽舍内，畜禽的散热使温暖而潮湿的空气上升，畜禽舍上部气压大于舍外，下部气压小于舍外，则上部热空气由上部开口流出，舍外较冷的空气由下部开口进入，形成舍内外空气流动。舍内空气流动的速度和方向取决于舍外风速及风向、风机流量和进风口位置。外界气流速度越大，畜禽舍内气流速度也越大。畜禽舍内围栏的材料和结构、笼具的配置等对畜禽舍气流的速度和方向也有重要影响，例如用砖、混凝土筑成的猪栏，易导致栏内气流阻滞。

畜禽舍内的气流速度,可以说明畜禽舍的换气程度。若气流速度为 0.01～0.05 m/s,说明畜禽舍的通风换气不良;若冬季畜禽舍内气流大于 0.4 m/s,则对保温不利;结构良好的畜禽舍,气流速度微弱,很少超过 0.3 m/s。在寒冷季节,为避免冷空气大量流入,气流速度应在 0.1～0.2 m/s 之间,最高不超过 0.25 m/s;在炎热的夏季,应当尽量加大气流或利用风扇、风机加强通风,速度一般要求不低于 1 m/s。

(四)气压

包围在地球表面的大气层,其本身的质量对地球表面产生一定的压力,称为气压。通常将纬度 45°的海平面上,温度为 0℃时的大气压作为标准大气压,1 个标准大气压为 1.013×10^5 Pa。

气压的大小决定于空气密度和地势的高低。空气密度和大气层的厚度随地势升高而降低,一般每升高 10.5 m,气压下降 133.3 Pa。气压的变化亦受地面温度改变的影响。当地面温度增高时,引起附近的空气膨胀,密度减小,气压下降。一昼夜气压变幅为 66.66～266.64 Pa,同一地区气压的年变化不显著。

二、气流对畜禽的影响

(一)气流对畜禽热调节的影响

1.对散热的影响

在高温环境中,只要气流温度低于皮温,增加流速有利于对流散热;若气流温度等于皮温,则对流散热的作用消失;若气温高于皮温,则机体从对流中获得热量。流速的增加有利于体表水分的蒸发。所以,一般风速与蒸发散热量成正比。

在适温和低温环境中,气流使畜禽体非蒸发散热量增大,大幅度提高畜禽临界温度。若机体产热不变,皮温和皮肤表面的水汽压下降,皮肤蒸发散热量相应减小。在低温环境中,提高风速会使畜禽冷应激加剧。

2.对产热量的影响

在适温和高温环境中,增大风速一般对产热量没有影响;在低温环境中,气流可显著增加产热量。在低温环境中,若有高风速刺激,会使畜禽增加的产热量超过散热量,出现短期的体温升高现象,破坏热平衡。例如,在 −3℃低温下,被毛 39 mm 厚的绵羊,当风速自 0.3 m/s 增大到 4.3 m/s 时,体温可升高 0.8℃。但长期处于低温高风速环境中,畜禽被毛短,营养差,并会引起畜禽体温下降,且与风速呈负相关。

(二)气流对畜禽生产力的影响

1.生长和肥育

在低温环境中,增加气流,动物生长发育和肥育速度下降。例如,仔猪在低于临界温度(如 18℃)时,风速由 0 m/s 增加到 0.5 m/s,生长率和饲料利用率分别下降 15% 和 25%。在适宜温度下,增加气流速度,动物采食量有所增加,生长肥育速度不变,例如,在 25℃的等热区中,风速从 0.5 m/s 增加到 1 m/s,仔猪日增重不变,饲料消耗增多。在高温环境中,增加气流速度,可提高动物生长和肥育速度。例如,当气温为 32.4℃和相对湿度为 40% 时,当风速从 0.3 m/s 增加到 1.6 m/s 时,肉牛平均日增重从 0.64 g 增加到 1.06 g。气温在 21.1～34.5℃

时,气流自 0.1 m/s 增至 2.5 m/s,小鸡可增重 38%。

2.产蛋性能

在高温环境中,增加气流,可提高产蛋量。例如,当气温为 32.7℃,湿度为 47%~62%,风速由 1.1 m/s 提高到 1.6 m/s 时,来航鸡的产蛋率可提高 1.3%~18.5%。在气温为 30℃ 的环境中,当风速从 0 m/s 增至 0.8 m/s 时,鹌鹑产蛋率从 81.9% 增至 87.2%。在低温环境中,增加气流速度,蛋鸡产蛋率下降(表 3-5)。

表 3-5　低温时风速对蛋鸡生产性能的影响

平均气温/℃	风速/(m/s)	采食量/(g/d)	产蛋率/%	平均蛋重/(g/个)	日平均产蛋重/(g/d)	料蛋比
2.4	0.25	121	76.7	64.5	49.4	2.46
	0.50	115	64.8	61.7	40.1	2.87
12.4	0.25	111	79.7	64.6	51.5	2.16
	0.50	120	76.5	65.5	50.1	2.40

3.产奶量

在适宜温度条件下,风速对奶牛产奶量无显著影响;在高温环境中,增大风速,可提高奶牛产奶量。例如在 35℃ 的高温环境中,风速自 0.2 m/s 增大到 2.2~4 m/s,黑白花牛的产奶量增加 25.4%,娟姗牛产奶量增加 27%,瑞士褐牛产奶量增加 8.4%。

(三)气流对畜禽健康的影响

在适温环境中,风速大小对动物的健康影响不明显;在低温潮湿环境中,增加气流速度,会引起关节炎、冻伤、感冒和肺炎等疾病的发生,导致仔猪、雏禽、羔羊和犊牛死亡率增加。在寒冷环境中,对舍饲畜禽应注意严防贼风,对放牧畜禽应注意避风。

贼风是在畜禽舍保温条件较好,舍内外温差较大时,通过墙体、门、窗的缝隙,侵入的一股低温、高湿、高风速的气流。"不怕狂风一片,只怕贼风一线。"防止贼风应堵住屋顶、天棚、门、窗和墙的缝隙,避免在畜床部位设置漏缝地板,注意入气口的设置,防止冷风直接吹袭畜禽。

三、气压对畜禽的影响

1.气压的不良影响

引起天气变化的气压改变,对畜禽没有直接影响;只有在高海拔或低海拔地区,气压垂直分布发生显著差异时,才对畜禽的健康和生产力有明显的影响。

随着海拔的升高,空气的压力逐渐降低,组成空气的气体成分逐渐减少,其中主要是氧的分压降低,氧的绝对量减少。对于未经适应的畜禽,会因组织缺氧和气压的机械作用,产生一系列的症状,即所谓的高山病。一般从海拔 3 000 m 开始表现出来,在 5 000 m 左右更为明显。

高山病的表现:①缺氧时,大脑皮层工作能力降低,引起保护性抑制,畜禽出现全身软弱无力,运动机能障碍以及嗜睡等;②缺氧引起代偿性反应,呼吸次数和呼吸量增多,发生喘息;③缺氧引起心脏机能亢进,脉搏增加,血管扩张,毛细血管渗透性增加,鼻腔和呼吸道黏膜破裂出血;④缺氧还会引起食欲减退,消化不良,肠道内气体膨胀,腹痛。此外,二氧化碳的分压降低,紫外线强,温度较低等也对畜禽的健康和生产力有一定的影响。

2.畜禽对低气压的适应

畜禽和人一样,如果逐步向高山、高原迁移,须给予一定的从高气压到低气压的适应时间,但许多畜禽并不发生高山病。

其适应机制为:①提高肺通气量,以增加微血管中的含氧量;②减少血液贮存量,以增加血液循环量,同时,造血器官受到缺氧刺激,红细胞和血红蛋白的增生加速,全身血液总量增加;③心脏活动加强,降低组织的氧化过程,提高氧的利用率。

在海拔 3 000 m 以上的山区或高原,进行季节性放牧或引进外来畜禽时,要注意防止高山病,须逐渐过渡,让畜禽对缺氧环境逐渐适应。要分批分阶段地由低海拔向高海拔处逐步试验,以免引起重大经济损失。

四、气温、气湿和气流之间的关系

在自然条件下,气象诸因素对畜禽健康和生产力的作用是综合的。各因素之间,或是相辅相成的,或是相互制约的。在气温、气湿和气流 3 个主要因素中,任何 1 个因素的作用,都受其他 2 个因素的影响。例如:高温、高湿而无风,为最炎热的天气;低温、高湿、风速大,为最寒冷的天气。如果高温、低湿而有风,或者低温、低湿而无风,高温或低温的作用会显著减弱。因此,在评定热环境因素对畜禽的影响时,就应该把各因素综合起来考虑,当某一因素发生变化时,为了保持畜禽的健康和生产力,就必须调整其他因素。例如,当气温过高时,应加强通风或降低相对湿度,必要时二者可同时进行。在气象诸因素中,气温是核心的因素,它对当时空气物理环境条件起决定性作用。

五、主要气象因素综合评价指标

(一)有效温度

有效温度亦称实感温度,它是依据气温、气湿和气流 3 个主要气象因素的相互制约作用,在人工控制的环境条件下,以相对湿度为 100%,风速为 0 时,以人的主观感觉温度为基础,制定的一个指标。例如,相对湿度为 100%,风速为 0 m/s,温度为 17.8℃时的温热感觉与相对湿度为 80%,风速为 1 m/s,温度为 23.5℃时的温热感觉相同。

一些气候生理学家根据空气干球温度和湿球温度对动物体温调节(直肠温度变化)的相对重要性,分别乘以不同系数相加所得的温度,称为有效温度。人和各种畜禽的有效温度如下。

$$人:ET = 0.15T_d + 0.85T_w$$
$$牛:ET = 0.35T_d + 0.65T_w$$
$$猪:ET = 0.65T_d + 0.35T_w$$
$$鸡:ET = 0.75T_d + 0.25T_w$$

式中:T_d 为干球温度,T_w 为湿球温度。皮肤蒸发能力较强的人和动物,湿球温度较干球温度更重要。

有效温度在一定程度上能反映气温、气湿和气流 3 个气象因素的综合作用,并且以数字的形式表示出来,使用方便,同时,也便于对不同综合气象条件进行相互比较。

(二)温湿度指标

温湿度指标最初是美国气象局推荐用于估测人类在夏季各种天气条件下感到不舒适的一种简易

方法,它是气温和气湿相结合来估计炎热程度的指标。后来普遍用于家畜,特别是牛,其计算公式为

$$THI=0.4\times(T_d+T_w)+15$$
$$THI=T_d-(0.55-0.55RH)\times(T_d-58)$$
$$THI=0.55T_d+0.2T_{dp}+17.5$$

式中:THI 为温湿度指标;T_d 为干球温度,℉;T_w 为湿球温度,℉;T_{dp} 为露点,℉;RH 为相对湿度,%。

THI 的数字越大表示热应激越严重。据美国实验,当 THI 为 70 时,有 10% 的人感到不舒服;到 79 时,所有的人都感到不舒服。一般欧洲牛 THI 在 69 以上时,已开始受热应激的影响,表现为体温升高,采食量、生产力和代谢率下降。THI 在 76 以下时,奶牛经过一段时间的适应,产奶量可逐渐恢复正常。

(三)风冷却指标

风冷却指标是将气温和风速相结合,以估计天气寒冷程度的一种指标,其主要估计裸露皮肤的对流散热量。即当温度不变,改变风速,皮肤的散热量发生改变,这种散热能力称为风冷却力。计算公式为

$$H=[(100v)^{1/2}+10.45-v]\times(33-T_a)\times4.18$$

式中:H 为风冷却力,kJ/(m² · h);v 为风速,m/s;T_a 为气温,℃;33 代表无风时的皮温,℃。

风冷却力与无风时的冷却温度的关系为

$$t=33-\frac{H}{91.96}$$

式中:t 为冷却温度,℃;H 为风冷却力,kJ/(m² · h)。

例如,在 −15℃,风速为 6.71 m/s 时的散热量为 5 948.14 kJ/(m² · h),相当于无风时的冷却温度 $t=33-5\ 948.14/91.96=-31.6℃$。欧洲牛的冷却温度在 −6.8℃(19℉)以下时出现冷应激。

项目小结

本项目讲述了气流、气压的产生和风向频率图的概念,还讲述了畜禽舍气流的产生及卫生学要求;重点阐述了气流对畜禽热调节、生产力、健康的影响;最后介绍了主要气象因素的综合评价指标。要求学生重点掌握气流对畜禽热调节的影响以及主要气象因素的综合评价指标。

学习思考

1. 名词解释:风向频率图、贼风、高山病、有效温度、温湿度指标、风冷却指标。

2. 简述畜禽舍气流的形成及其卫生学要求。

3. 简述气流对畜禽热调节的影响。

4. 简述气流对畜禽生产力和健康的影响。

5. 主要气象因素的综合评价指标有哪些?

畜禽舍环境控制

项目一　畜禽舍采光控制

【项目导入】

光照对于畜禽的生理机能和生产性能具有重要的调节作用。畜禽舍保持一定强度的光照,除了满足畜禽生产需要外,还为人的工作和畜禽的活动(采食、起卧、走动等)提供方便。

【知识储备】

一、畜禽舍朝向

畜禽舍朝向与接受日照、改善舍内温度和通风条件具有重要的关系。我国地域广阔,不同地区其气候特点不同,选择合理的畜禽舍朝向应根据当地的地理纬度、地段环境、局部气候特征及建筑条件等因素而定。

选择适宜朝向,首先,要考虑合理利用太阳辐射能,使冬季阳光尽可能射入舍内,以利于提高舍温;夏季避免阳光直射到舍内,以利于防暑。其次,要合理利用主导风向,以改善通风条件,获得良好的畜禽舍环境。

1. 南北朝向

南北朝向指畜禽舍纵轴与当地子午线垂直,呈东西延长形式。我国大部分地区多采用南北朝向,尤其是北方寒冷地区。冬季太阳高度角小,阳光射入舍内较深,畜禽可接受较多的太阳辐射能和紫外线,有利于提高舍温。夏季太阳高度角大,阳光射入舍内不深,有防热作用。此朝向冬暖夏凉。

2. 东西朝向

东西朝向指畜禽舍纵轴与当地子午线一致,呈南北延长形式。此朝向东西两面墙接受日照相同,但在冬季的正午得不到阳光,舍内照射到阳光时,太阳高度角较小,紫外线较少,不利于提高舍温;在夏季,西向畜禽舍西晒,舍内温度过高,不利于防暑。因此,我国南、北方均不宜采用该朝向。

选择畜禽舍朝向时,还应注意当地的主导风向,它影响夏季畜禽舍的自然通风和冬季畜禽舍热损耗程度。我国地处北纬 $20°\sim50°$,太阳高度角夏季大而冬季小,我国又处于亚洲东南季风区,夏季盛行东南风,冬季多东北风或西北风。从长期生产实践来看,南向畜禽舍在全国各地都较为适宜。一般认为,南偏东或偏西 15° 是允许的。但在南方炎热地区,为防夏季太阳过分照射,以南偏东或偏西不超过 $10°$ 为宜。

二、畜禽舍采光

光照是影响畜禽健康和生产力的重要环境因素之一,为满足生产需要,其光照强度和时间,可根据畜禽要求或工作需要,加以严格限制。畜禽舍采光可分为自然采光和人工照明2 种。自然采光的光照时间和强度有明显的季节性变化,一天中也有变化,舍内照度不均匀。开放舍和半开放舍的墙壁有很大的开露部分,主要借助自然采光;有窗式畜禽舍主要依靠自然采光,人工光照补足;无窗式封闭舍全靠人工照明,通过人为控制光照时间和光照强度来满足生产对光照的需要。另外,光照还为人的工作和畜禽的活动(采食、起卧、走动等)提供方便。

(一)自然采光

自然采光是让太阳的直射光或散射光,通过畜禽舍的开露部分或窗户进入舍内,以达到采光的目的。影响自然光照的因素很多,主要有以下 8 种因素。

1. 畜禽舍的方位

畜禽舍的方位直接影响畜禽舍的自然采光及防寒防暑,为增加舍内自然光照强度,畜禽舍的长轴方向应尽量与纬度平行,即采用南北朝向。

2. 舍外状况

畜禽舍附近,若有高大的建筑物或大树,会遮挡太阳的直射光和散射光,影响舍内的照度。因此,在建筑物布局时,一般要求其他建筑物与畜禽舍的距离,应不小于建筑物本身高度的2 倍。为防暑而在畜禽舍旁边植树时,应选用主干高大的落叶乔木,并确定合理位置,尽量减少遮光。舍外地面反射阳光的能力,对舍内的照度也有影响。据测定,裸露土壤对阳光的反射率为 $10\% \sim 30\%$,草地为 25%。

3. 玻璃

一般玻璃可以阻止大部分的紫外线,脏污的玻璃可以阻止 $15\% \sim 50\%$ 的可见光,结冰的玻璃可以阻止 80% 的可见光。

4. 采光系数

采光系数是指窗户的有效采光面积(指窗户玻璃的总面积,不包括窗棂)与畜禽舍地面面积之比(以窗户的有效采光面积为1)。采光系数越大,舍内光照度也越大。畜禽舍的采光系数,因畜禽种类不同而要求不同(表4-1)。在窗户面积一定时,增加窗户的数量可减小窗间距,使采光均匀;将窗户两侧的墙棱修成斜角,窗洞呈喇叭形,可显著提高采光面积。

表 4-1 不同种类畜禽舍的采光系数

畜舍种类	采光系数	畜舍种类	采光系数
奶牛舍	1:12	种猪舍	1:(10~12)
肉牛舍	1:16	肥育猪舍	1:(12~15)
犊牛舍	1:(10~14)	成年绵羊舍	1:(15~25)
种公马厩	1:(10~12)	羔羊舍	1:(15~20)
母马及幼驹厩	1:10	成禽舍	1:(10~12)
役马厩	1:15	雏禽舍	1:(7~9)

5.入射角

窗户上缘外侧或屋檐一点到畜禽舍地面纵中线,所引垂线与地表水平线之间的夹角,称为入射角(图4-1)。入射角越大,越有利于采光。为了保证舍内得到适宜的光照,入射角应不小于25°。

从防寒防暑的角度考虑,我国大多数地区夏季都不应有直射的阳光进入舍内,冬季则希望阳光能照射到畜床上。这些要求,可以通过合理设计窗户大小、窗户上下缘和屋檐的高度而达到。当窗户上缘外侧(或屋檐)与窗台内侧所引的直线,同地表水平线之间的夹角小于当地夏至的太阳高度角时,即可防止太阳光线进入畜禽舍内;当畜床后缘与窗户上缘(或屋檐)所引的直线,同地表水平线之间的夹角等于当地冬至的太阳高度角时,太阳光在冬至日前后可直射在畜床上。

太阳的高度角计算公式为

$$h=90°-\varphi+\sigma$$

式中:h 为太阳高度角;φ 为当地纬度;σ 为赤道纬度。太阳高度角在夏至时为 $23°27'$,冬至时为 $-23°27'$,春分和秋分时为 $0°$。

6.透光角

透光角又叫开角,窗户上缘(或屋檐)外侧和下缘内侧一点,向畜禽舍地面纵中线所引出的两条垂线形成的夹角(图4-1)。如果窗外有树或其他建筑物等遮挡时,引向窗户下缘的直线应改向遮挡物的最高点。透光角越大,越有利于采光。为保证舍内适宜的光照,透光角不应小于5°。从采光效果看,立

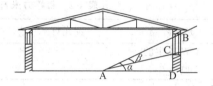

图 4-1　入谢角(α)和透光角(β)示意图

式窗比卧式窗好,但立式窗散热较多,不利于冬季保温。在寒冷地区,南墙设立式窗,北墙设卧式窗。为增大透光角,可增大屋檐和窗户上缘的高度以及降低窗台的高度等。但窗台过低,会使阳光直射畜禽头部,不利于畜禽健康,尤其是马属动物。所以,马舍窗台高度以1.6~2 m为宜,其他畜禽以 1.2 m 左右为宜。

7.舍内反光面

畜禽舍内物体对进入舍内的光线的反射对舍内光照强度也有很大影响。当反射率低时,光线大部分被吸收,舍内就比较暗;当反射率高时,光线大部分被反射,舍内就比较明亮。据测定,白色表面的反射率为85%,黄色表面为 40%,深色仅为 20%,砖墙约为 40%。由此可见,舍内的表面(主要是墙壁和天棚)应当平坦,粉刷成白色,并经常保持清洁,以利于提高畜禽舍内的光照强度。

8.舍内设施及栏圈构造与布局

舍内设施如笼养鸡和兔的笼体、笼架以及饲槽,猪舍内猪栏的栏壁构造和排列方式等对舍内光照强度影响很大,故应给予以充分考虑。

二、人工照明

利用人工光源发出的可见光进行的采光的方法称为人工照明。除无窗式封闭式畜禽舍必须采用人工照明外,人工光源也可作畜禽舍自然采光的补充。其优点是可人工控制,受外界因素影响小;其缺点是造价大,投资多。

1.光源

(1)灯具的种类　主要有白炽灯或荧光灯(日光灯)。白炽灯发热量大而发光效率较低,安

装方便,价格低廉,灯泡寿命短(750~1 000 h)。荧光灯发热量低而发光效率较高,灯光柔和,不刺眼睛,省电,但设备一次性投资较高。若环境温度过低时,影响荧光灯启动。

(2)灯具的分布 畜禽舍内应适当降低每个灯的功率数,增加装灯的数量。鸡舍内装设白炽灯时,以40~60 W为宜,不可过大。灯距应为灯高的1.5倍,靠墙的灯泡与墙的距离应为灯泡间距的一半;两排以上应左右交错排列,笼养家禽时还应上下交错,以保证底层笼的光照强度。灯泡不可使用软线吊挂,以防被风吹动使鸡受惊,灯泡应设在两列笼间的走道上方。

光源一定时,灯越高,地面的照度就越小。为在地面获得10.76 lx照度,有罩的白炽灯功率和安装高度如下:15 W灯泡时为1 m,25 W时1.4 m,40 W时2 m,60 W时3.1 m,100 W时4.1 m。

通常灯高为2 m,灯距为3 m左右,每0.37 m²鸡舍1 W或每平方米鸡舍2.7 W,可获得相当于10.76 lx的照度。多层笼养鸡舍为使底层有足够的照度,照度一般为3.3~3.5 W/m²。

每平方米畜禽舍地面积设1 W光源可提供的照度参照表4-2。

表4-2 每平方米畜禽舍地面积设1 W光源可提供的照度

光源种类	荧光灯	白炽灯	卤钨灯	自镇流高压水银灯
1 W提供的照度/lx	12.0~17.0	3.5~5.0	5.0~7.0	8.0~10.0

2.光照时间和光照强度

几种畜禽舍人工光照标准可参照表4-3。

表4-3 几种畜禽舍人工光照标准   lx

畜禽舍类别	人工光照度
奶牛舍	50~70
育肥牛舍	20~30
犊牛舍	75~100
挤奶间	30~50
鸡舍	15~20
种鸡舍	5
野鸡舍	10~20
蛋用鹌鹑舍	3~5
种火鸡舍	30

3.卫生学要求

(1)照度足够 应满足畜禽最低照度要求,即蛋鸡、种鸡为10 lx,肉鸡、雏鸡为5 lx,其他畜禽以10 lx为宜。

(2)保持灯泡清洁 脏灯泡发出的光的光照强度比干净灯泡减少1/3,要定期擦拭灯泡。设置灯罩可保持灯泡表面清洁,使光照强度增加50%。一般采用平形或伞形灯罩,避免使用上部敞开的圆锥形灯罩。

(3)其他要求 鸡舍内灯泡的功率不可过大,应以40~60 W的白炽灯或8~18 W的节能灯为宜;设置可调变压器,使灯在开关时渐亮、渐暗。

4.人工控制光照制度

在畜禽生产中,光照制度是根据各种畜禽对光照强度、时间和明暗变化规律的要求制订的,并可以按程序自动控制。现代鸡场的人工控制光照已成为必要的管理措施,种鸡和蛋鸡基本相同,肉用仔鸡自成一套。

(1)种鸡和蛋鸡的光照制度　光照的目的是使鸡适时地达到性成熟,主要有以下 2 种方法。

①渐减渐增法:是利用有窗式鸡舍培育小母鸡的一种光照制度。先预计自雏鸡出壳至开产时(蛋鸡 20 周龄、肉鸡 22 周龄)的每日自然光照时间,加上 7 h,即为出壳后第三天的光照时间,以后每周光照时间递减 20 min,到开产前恰为当时的自然光照时间(8~9 h/d),这有利于鸡的生长发育,可使鸡适时开产。此后每周增加 1 h,直到光照时间达到 16~17 h/d 后,保持恒定。此时,鸡群的产蛋率持续升高,很快进入产蛋高峰,并可提高初产蛋重。

②恒定法:是培育小母鸡的一种光照制度,除第一周光照时间较长外,通过短期过渡,使其他育雏期间和育成期间(蛋鸡 20 周龄、肉鸡 22 周龄)每日光照时间为 8~9 h 并保持不变。开产前期光照骤增到 13 h/d,以后每周延长 1 h,达到 16~17 h/d 保持恒定。此法操作简单,适用于无窗式畜禽舍。

(2)肉用仔鸡的光照制度　光照的目的是提供采食时间,促进生长。光照强度不可太强,弱光可降低鸡的兴奋性,使其保持安静,有利于肉鸡的增重。

①持续光照制度:在雏鸡出壳后 1~2 d 通宵照明,3 日龄至上市出栏,每日采用 23 h 光照,1 h 黑暗。也有的肉仔鸡场在饲养中后期,鉴于仔鸡已熟悉采食、饮水等位置,为节约电能,夜间不再开灯。

②间歇光照制度:雏鸡在幼雏期间给予连续的光照,然后变为 5 h 光照、1 h 黑暗,再过渡到 3 h 光照、1 h 黑暗,最后变为 1 h 光照、3 h 黑暗并反复进行。肉用仔鸡采用此法有利于提高采食量、日增重、饲料利用率以及节约电力,但饲槽饮水器的数量需要增加 50%。

项目小结

本项目简述了不同畜禽舍朝向对畜禽舍采光和舍内温度的影响,我国对畜禽舍朝向的要求以及影响畜禽舍自然采光的主要因素;介绍了畜禽舍人工照明的灯具种类、分布及卫生学要求和现代鸡场人工控制光照制度。要求学生理解我国大部分地区对畜禽舍朝向的要求;掌握畜禽舍采光系数、入射角、透光角的概念及卫生学要求;掌握畜禽舍人工照明灯具的种类和分布;熟悉现代鸡场人工控制光照制度。

学习思考

1.名词解释:采光系数、入射角、透光角、间歇光照制度、持续光照制度。

2.我国对畜禽舍朝向的要求是什么?

3.简述畜禽舍人工照明灯具的种类、分布及卫生学要求。

4.简述现代鸡场人工控制光照制度。

项目二 畜禽舍温度控制

【项目导入】

从生理角度讲,畜禽一般比较耐寒怕热,在生产中应避免高温。我国受东亚季风气候的影响,夏季南北方普遍炎热,尤其在南方,高温持续期长、太阳辐射强、湿度大、昼夜温差小,对家畜的健康和生产极为不利。采取有效措施,做好防暑降温工作,缓和高温对畜禽的影响,以减小经济损失。

【知识储备】

一、畜禽舍防暑降温措施

(一)加强畜禽舍外围护结构的隔热设计

夏季造成舍内过热的原因,在于过高的大气温度、强烈的太阳辐射以及畜禽自身产生的热量。通过加强屋顶、墙壁等外围护结构的隔热设计,可有效地防止或减弱太阳辐射与高温对舍内温度的影响。

1. 屋顶隔热设计

在炎热地区,特别是夏季,由于强烈的太阳辐射和高温,屋面(红瓦)温度可高达 $60\sim70℃$,甚至更高,常用屋顶隔热的措施有如下 4 种。

(1)选用隔热性能好的材料 综合考虑其他建筑学要求与取材方便,尽量选用导热系数小的材料。导热系数是表示当物体厚度为 1 cm,两表面温差为 1℃时,1 h 内通过 1 m^2 面积传导的热量,单位为 W/(m·K)。

(2)确定合理的结构 在实践中,选用一种材料往往不能保证最有效的隔热,从结构上可以综合几种材料的特点而形成具有较大热阻的隔热材料组成结构。充分利用几种材料修建多层结构的屋顶,其原则是:在屋顶最下层铺设导热系数小的材料,其上是蓄热系数比较大的材料,最上层为导热系数大的材料。白天屋顶受太阳辐射变热后,热量传到蓄热系数大的材料层而蓄积起来,再向下传导时受到阻抑,缓和热量向舍内进一步传播,避免舍内温度升高而过热;夜间被蓄积的热又可通过上层导热系数大的材料层迅速散失。这种屋顶隔热的设计只适宜夏热冬暖地区。对于夏热冬寒地区,应将上层换成导热系数小的材料较为有利。此外,应保证材料有足够的厚度。

(3)增强屋顶反射 色浅而平滑的表面对太阳辐射热吸收少而反射多;反之则吸收多而反射少。深黑色、粗糙的油毡屋顶,对太阳辐射热的吸收系数值为 0.86;红瓦屋顶和水泥粉刷的浅灰色光滑平面均为 0.56;石膏粉刷的光滑平面仅为 0.26。采用浅色平屋顶,可减少太阳辐射热向舍内传递,是有效的隔热措施。

(4)采用通风屋顶 将屋顶设计成双层,靠中间层空气的流动而将顶层传入的热量带走,阻止热量传入舍内(图 4-2)。屋顶上层接受综合温度作用而温度升高,间层空气被加热,变轻后由间层上部开口流出,温度较低的空气由间层下部开口流入,在间层中形成不断流动的气流,将屋顶上层接受的热量带走,大大减少通过屋顶下层传入舍内的热量,从而降低屋顶上层温度,减少辐射和对流传热,有效地提高屋顶的隔热效果。

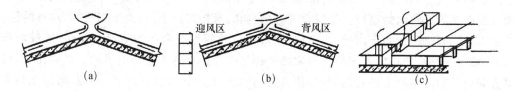

图 4-2　通风屋顶示意图

(a)热压通风;(b)风压通风;(c)平顶通风

要求间层内壁光滑,以减少空气阻力,进风口尽量与夏季主风方向一致,排风口应设在高处,以充分利用风压与热压;间层的风道应尽量短直,以保证自然通风畅通;间层应具有适宜的高度,如坡屋顶、平屋顶间层高度分别为 12～20 cm 和 20 cm;对于夏热冬冷和寒冷地区,不宜采用通风屋顶,因为,冬季舍内温度高于舍外,通风间层的下层吸收热量加速空气流动,从而加快舍内热量的散失。

2.墙壁隔热设计

炎热地区多采用开放舍或半开放舍,墙壁的隔热没有实际意义。在夏热冬冷地区,墙壁具备适宜的隔热要求,既要有利于保温,又要有利于隔热。目前,用新型材料设计的组装式畜禽舍,冬季为加强防寒,改装成保温型的封闭舍;夏季则拆除部分构件,成为半开放舍。组装式畜禽舍是冬夏两用且比较理想的畜禽舍,但材料要求高,造价亦高。对于炎热地区大型封闭舍的墙壁应按屋顶的隔热原则进行合理设计,尽量减少太阳辐射。

(二)实行绿化与遮阳

1.绿化

绿化是指植树、种植牧草和饲料作物,以覆盖裸露地面,吸收太阳辐射,降低畜禽场空气环境温度。绿化除具有净化空气、防风、改善小气候状况、美化环境等作用外,还具有吸收太阳辐射、降低环境温度的重要作用。

绿化降温的作用表现为:①通过植物的蒸腾作用和光合作用,吸收太阳辐射热以降低气温。树林的树叶面积是树林种植面积的 75 倍,草地上草叶面积是草地面积的 25～35 倍。这些叶面通过蒸腾作用和光合作用,大量吸收太阳辐射热,可显著降低空气温度。②通过遮阳以降低辐射。草地上的草可遮挡 80% 的太阳光,茂盛的树木能挡住 50%～90% 的太阳光。因此,绿化可使建筑物和地表面温度显著降低。③通过植物根部所保持的水分,可从地面吸收大量热能而降低空气温度。

由于绿化的降温作用,畜禽舍周围的空气"冷却",地面的温度降低,辐射到外墙、屋顶和门窗的热量减少。利用树木进行遮阳还可以阻挡阳光透入舍内,以降低舍温。数据表明,绿化地带比非绿化地带可降低空气温度 10%～30%。种植树干高、树冠大的乔木可绿化遮阳。搭架种植爬蔓植物,使南墙、窗口和屋顶上方形成绿荫棚,可以绿化防暑。爬蔓植物宜穴栽,穴距不宜太小,注意修剪茎叶,以免影响畜禽舍通风与采光。

2.遮阳

遮阳是指一切可以阻挡太阳辐射直接进入舍内的设施与措施。畜禽舍遮阳常采用以下方法：①挡板遮阳：遮挡正面射到窗口处的阳光，适用于对东向、南向或接近此朝向的窗口遮阳。②水平遮阳：遮挡来自窗口上方来的阳光，适用于南向及接近南向的窗口，也适用于北回归线以南的北向及接近北向的窗口。③综合式遮阳：同时遮挡窗口上方（水平挡板）和左右两侧（垂直挡板）射来的阳光，适用于南向、东南向、西南向以及接近此朝向的窗口。此外，通过加长挑檐、挂竹帘、搭凉棚、植树以及棚架种植攀缘植物等措施也可达到遮阳的目的。试验证明，可在不同方向的外围护结构上进行遮阳，使传入舍内的热量减少 17%～35%。但遮阳往往与采光通风相矛盾，应综合考虑。

（三）采取降温措施

1. 喷雾降温

利用喷雾设备向舍内直接喷水或在进风口处将低温的水喷成雾状，借助汽化吸热效应达到畜体散热和畜禽舍降温的作用。采取喷雾降温时，水温越低，空气越干燥，则降温效果越好。但湿热天气不宜使用。

2. 喷淋降温

在舍内设喷头或钻孔水管，定时或不定时对家畜进行淋浴，冲透被毛，湿润皮肤，从畜体和舍内空气中吸收热量，有利于蒸发散热以达到降温的目的。该法只能间歇地进行，对于奶牛、肉牛和猪，一般可在 13—16 时气温最高时，每隔 30 min 喷淋或滴水 10 min。

3. 湿帘降温

湿帘又称蒸发垫，主要由湿垫、风机、水循环系统及控制系统组成。当畜禽舍采用负压通风时，将湿帘安装在机械通风的进风口，空气通过不断淋水的蜂窝状湿帘，可降低进入舍内的气流温度。舍外空气越干燥，温度降低得越大。舍外高达 35～38℃ 的空气通过蒸发冷却后可降低 2～7℃。

4. 冷风设备降温

冷风机是喷雾和冷风相结合的一种新型设备，国内外均有生产。一般喷雾雾滴直径可在 30 μm 以下，喷雾量可达 0.15～0.2 m³/h，通风量为 6 000～9 000 m³/h，舍内风速为 1 m/s 以上，降温范围长度为 15～18 m，宽度为 8～12 m。

此外，在舍内地面洒水和屋顶喷水也是常见的降温措施。如果附近有河流或湖泊，水的深浅适宜，对于猪、水牛等还可采用水浴降温，也可在猪场（舍）设置滚浴池进行水浴降温。有的则在少数种畜禽舍、种蛋库、畜产品冷库中采用机械制冷（空调）降温。

二、畜禽舍防寒采暖措施

在我国东北、西北、华北等寒冷地区，冬季气温低，持续期长，四季及昼夜气温变化大，对畜禽的生产影响很大，必须采取有效的防寒采暖措施。

1. 加强外围护结构的保温设计

畜禽舍的防寒能力，在很大程度上取决于外围护结构的保温隔热性能，要根据地区气候差异和畜禽品种的气候生理要求，选择适当的建筑材料和合理的畜禽舍外围护结构，这是畜禽舍保温隔热的根本措施。

（1）加强屋顶和天棚的保温隔热设计　在寒冷地区，天棚可使屋顶与畜禽舍空间之间形成一个不流动的封闭空气间层，可减少热量从屋顶的散失，降低畜禽舍净高，对畜禽舍保温起到重要作用。如在天棚设置保温层(炉灰、锯末等)是加大屋顶热阻的有效措施。屋顶和天棚的结构必须严密,不透气。透气不仅会破坏空气缓冲层的稳定,降低屋顶和天棚的保温性能,而且容易使水汽侵入,保温层变潮或在屋顶下挂霜、结冰,破坏建筑物,增强导热性。用于屋顶和天棚隔热的合成材料有玻璃棉、聚苯乙烯泡沫塑料、聚氨酯板等。

(2)选择有利于保温的畜禽舍形式　在严寒地区,宜选择封闭舍或无窗式封闭舍,既有利于防寒保温,又便于实行机械化。在冬冷夏热地区,可选择开放舍或半开放舍,冬季设塑料薄膜封闭开露部分或设塑料薄膜窗保温,以提高防寒保温能力。热工学设计相同时,大跨度、圆形畜禽舍的外围护结构的面积,相对比小跨度的小型畜禽舍小,有效面积大,总失热量小,节省建筑材料。多层畜禽舍除顶层屋顶与首层地面之外,其余屋顶和地面不与外界接触,冬季基本上无热量散失,节约建材和土地。我国的一些地方实行二层舍养猪、养鸡,效果很好。但多层畜禽舍投资大,转群以及饲料、粪污和产品的运输均靠升降设备。

(3)加强墙壁的保温隔热设计　在寒冷地区必须加强墙壁的保温隔热设计,选择导热系数小的材料,确定合理的隔热结构并精心施工,就有可能提高畜禽舍墙壁的保温能力。如选空心砖代替普通红砖,墙的热阻可提高 41％;选用加气混凝土块,墙的热阻可提高 6 倍;采用空心墙体或在空心中充填隔热材料,也会大大提高墙的热阻。施工不合理,如墙体透气、变潮等,墙的热阻降低。

(4)门窗的设计　门窗热阻较小,门窗开启及缝隙会造成冬季的冷风渗透,失热量较多,对保温防寒不利。在寒冷地区,外门应加门斗、设双层窗,或临时加塑料薄膜、窗帘等。在满足通风采光的前提下应尽量少设门窗。在受寒风侵袭的北侧、西侧墙上,门窗的面积可按南窗面积的 $1/4 \sim 1/2$ 设置。

(5)加强地面的保温设计　在干燥时,夯实土及三合土地面具有良好的温热特性,适用于鸡舍、羊舍等。水泥地面坚固、耐久、不透水,但又硬又冷对家畜不利,直接用作畜床最好在其上加铺木板、垫草,并保持干燥状态,但木板铺在地上易吸水导致热导性增强,因此,采用橡皮或塑料厩垫可减缓地面散热。

2.加强防寒管理

(1)增加饲养密度　在不影响饲养管理及舍内卫生状况的前提下,适当增加舍内畜禽的饲养密度,等于增加热源,这是一项行之有效的辅助性防寒保温措施。

(2)控制气流,防止贼风　加强畜禽舍结构的严密性,防止冷风渗透,控制通风换气量,防止气流过大。

(3)控制湿度,保持空气干燥　在寒冷地区的冬季,应制订防潮措施,尽量避免舍内潮湿和水汽的产生,及时清除粪便和污水。

(4)使用垫料,改进冷地面的温热特性　垫料是一种简便易行的防寒措施,不仅具有保温吸湿、吸收有害气体、改善小气候的作用,而且可以保持卫生清洁。但垫草体积大且重量大,很难在集约化畜禽场应用。

(5)加强畜禽舍入冬前的维修与保养　如封门、封窗、设挡风障,以及堵上墙壁、屋顶缝隙和孔洞等。

3.畜禽舍的采暖

(1)局部采暖　是指在畜禽舍内单独安装使用供热设备,如电热器、保温伞、散热板、红外线灯和火炉等,以达到预定温度的一种供暖方式。雏鸡舍常用煤炉、烟道、保温伞、电热育雏笼等供暖;仔猪栏常铺设红外线电热毯或悬挂红外线保温伞等供暖。

(2)集中采暖　是指在集约化、规模化畜禽场,由一个集中的热源(锅炉房或其他热源),将热水、蒸汽或预热后的空气,通过管道输送到舍内或舍内散热器中的一种供暖方式。近几年来,通风供暖设备的研制已有新的进展,热风炉、暖风机在寒冷地区已推广使用,有效地解决了保温与通风的矛盾。

总之,应根据畜禽的生理需求、采暖设备投资、能源消耗等情况,综合考虑投入与产出的经济效益,来确定采暖方式。

 项目小结

本项目讲述了畜禽舍防暑降温和防寒采暖的主要措施;详细阐述了畜禽舍外围护结构的保温隔热设计,采取的防暑降温措施和防寒采暖方法等。要求学生们掌握畜禽舍的防暑降温措施和防寒采暖方法。

 学习思考

1. 畜禽舍的防暑降温措施主要有哪些?

2. 如何进行畜禽舍屋顶的隔热设计?

3. 畜禽舍遮阳常采用的方法有哪些?

4. 畜禽舍常采取的采暖措施有哪些?

5. 简述畜禽舍外围护结构的保温隔热设计方法。

6. 如何加强畜禽舍的防寒管理?

项目三　畜禽舍湿度控制

【项目导入】

畜禽的大量排泄物及生产管理所用废水与畜禽舍湿度有着极其密切的关系。因此,及时清理污物、脏水,是控制畜禽舍湿度的重要措施之一。

【知识储备】

一、畜禽舍的排水系统

畜禽每天排除的粪尿量很大(表 4-4),畜禽舍的管理用水也很多,畜禽舍设置排水系统能及时且经常地清除舍内污物、脏水,无论冬、夏都是控制畜禽舍湿度的一个主要措施。另外,粪尿、污水是良好的有机肥料,含有较高的氮素,若贮存不当,会造成大量肥效损失,特别是易挥发的氮素(NH_3)可损失 $80\%\sim90\%$。尽快将其排出舍外并集中贮积起来,对保持其肥效具有重要作用。畜禽舍的排水系统一般可分为传统式和漏缝地板式 2 种。

表 4-4　主要畜禽粪尿的产量　　　　　　　　　　　　　　　　　　kg/（头·d）

| 种类 | 育肥猪 | | | 繁殖母猪 | 公猪 | 蛋鸡 | 肉用仔鸡 | 泌乳牛 | 成年牛 | 育成牛 | 犊牛 | 绵羊 |
	大	中	小									
粪	2.7	2.3	1.3	2.4	2.5	0.15	0.13	40.0	27.5	15.0	5.0	1.13
尿	5.0	3.5	2.0	5.5	5.5	—	—	20.0	13.5	7.5	3.5	1.0

(一)传统式排水系统

传统式排水系统是依靠手工清理操作并借助粪水自然流动而将粪尿及污水排除的系统。一般由畜床、排尿沟、降口、地下排水管及粪水池组成(以家畜为例)。

1.畜床

畜床(图 4-3)是家畜在舍内采食、饮水及躺卧休息的地方，一般为水泥建造。畜床向排尿沟方向应有适宜的坡度，一般牛舍为 1%～1.5%，猪舍为 3%～4%，适宜的坡度可使粪尿的液体部分很快流入排尿沟内，固体部分则人工清理。坡度太小不利于粪尿的流动；太大则家畜的腹腔受压大，妊娠后期的家畜易引起流产。

2.排尿沟

排尿沟是承接和排出畜床流来的粪尿和污水的设施。

(1)位置　牛舍、马舍等对头式畜禽舍，一般设在畜床的后端，紧靠除粪道，与除粪道平行；猪舍、羊舍等对尾式畜禽舍，一般设在中央通道(除粪道)的两侧。

(2)建筑要求　排尿沟一般用水泥砌成，要求其内表面光滑不透水，便于清扫和消毒，为方形或半圆形的明沟，且朝降口方向有 1%～1.5%的坡度，沟的宽度和深度根据

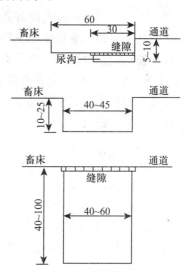

图 4-3　几种畜床示意图(单位：cm)

不同畜种而异。牛舍尿沟深度不超过 15 cm，马舍为 12 cm，猪舍为 10 cm；牛舍尿沟宽为 30～50 cm，猪舍及犊牛舍为 13～15 cm，马舍为 20 cm。宽度和深度过大，易导致家畜肢蹄受伤或孕畜流产，排尿沟上应设置栅状铁算。

3.降口(水漏)、沉淀池和水封

(1)降口　又称水漏，是排尿沟与地下排水管的衔接部分，位于畜禽舍中段。为防粪草落入堵塞，上面应有与排尿沟同高的铁算子。降口数量依排尿沟数量而定，通常以接受两端各 10～12 m 粪尿为限。

(2)沉淀池　在降口下部，排出管口以下形成的一个深入地下的延伸部分。因畜禽舍弃水及粪尿中多混有固体，随水冲入降口，若不设沉淀池，则易堵塞地下排出管。沉淀池为水泥建造的密封式长方形池，池水深为 40～50 cm。

(3)水封　是用一块板子斜向插入降口沉淀池内，让流入降口的粪水顺板流下，先进入沉淀池临时沉淀，再将上清液部分由排出管流入粪水池的设施。降口内设水封，排出管口以下沉淀池内要始终有水，可防止排水管内发酵的臭气，经地下排出管逆流进入舍内。水封的质地有铁质、木质或塑料 3 种。

4.地下排水管

地下排水管是与排尿沟呈垂直方向,并用于将各降口流出来的尿液及污水,导入舍外粪水池的管道(图4-4)。要求有3%～5%的坡度,直径大于15 cm,伸出到舍外的部分应埋在冻土层以下。在寒冷地区,对地下排水管的舍外部分应采取防冻措施,以免管中液体结冰。如果地下排出管自畜禽舍外墙至粪水池的距离大于5 m时,应在墙外设一个检查井,以便在管道堵塞时进行疏通,但须注意检查井的保温工作。

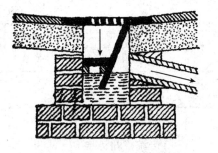

图4-4　地下排水沟示意图

5.粪水池

粪水池是贮积舍内排出的畜粪、污水的密闭式地下贮水池。一般设在舍外地势较低处,且在运动场及饲料调配室相反的一侧,距畜禽舍外墙5 m以上。粪水池的容积和数量可根据舍内畜禽种类、头数、舍饲期长短及粪水存放时间而定。一般按贮期为20～30 d,容积为20～30 m³来修建。粪水池一定要离饮水井100 m以外。粪水池及检查井均应设水封。

畜禽舍的排水系统必须经常维护,要随时清除尿沟内的粪草,以防堵塞;定期用水冲洗及清除降口中的沉淀物,以防粪水池过满溢出。

(二)漏缝地板式排水系统

1.漏缝地板

漏缝地板(图4-5)即在地板上留有很多缝隙,不铺垫草,粪尿落在漏缝地板上,液体部分从漏缝流入地板下的粪沟,固体部分被畜禽踩踏下去,少量残粪用水略加冲洗即可清理干净。落入地板下的粪尿,可直接通过管道送出舍外贮存或用车送到农田。漏缝地板清粪工作效率高,速度快,节省劳动力。

畜禽舍漏缝地板分为部分漏缝地板和全部漏缝地板2种,可用水泥、金属、玻璃钢、硬质塑料等制作。塑料漏缝地板抗腐蚀,易清洗,常用于产仔母猪舍和仔猪舍;木制漏缝地板不卫生,易破损,使用年限较短;金属漏缝地板易遭腐蚀、生锈;水泥制漏缝地板经久耐用,便于清洗消毒,目前被广泛用于成年猪舍和成年牛舍。

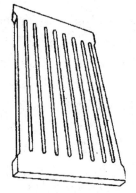

2.粪尿沟

粪尿沟位于漏缝地板的下方,用以贮存经由漏缝地板落下的粪尿,便于随时清除或定期清除。一般宽度为0.8～2 m,深度为0.7～0.8 m,向粪水池方向具有3%～5%的坡降。

图4-5　漏缝地板

二、畜禽舍防潮管理措施

①科学选择场址,把畜禽舍修建在干燥的地方。畜禽舍的墙基和地面应设防潮层,天棚和墙体要具有保温隔热能力并设置通风管道。

②对已建成的畜禽舍应待其充分干燥后再开始使用,要加强畜禽舍保温,勿使舍温降至露点以下。

③在饲养管理过程中,尽量减少舍内作业用水,并力求及时清除粪便,以减少水分蒸发。

④合理使用饮水器,若用槽式饮水器要注意槽的两端高度要相同,保证给水时不溢出。

⑤保持舍内通风良好。在保证舍温的情况下,尽力加强通风换气,及时将舍内过多水汽排出。

⑥舍内铺垫草可吸收大量的水分,是畜禽舍防潮的一项重要措施。

项目小结

本项目详细讲述了畜禽舍传统式排水系统的组成;简述了漏缝地板式排水系统的组成和畜禽舍防潮管理措施。要求学生们熟悉传统式排水系统的组成,了解畜禽舍防潮管理措施。

学习思考

1.畜禽舍的排水系统可分哪两种? 由什么组成?

2.简述畜禽舍防潮管理措施。

项目四 畜禽舍通风换气控制

【项目导入】

畜禽舍进行适宜的通风换气在任何季节都十分必要。在密闭的条件下,引进舍外新鲜空气,排出舍内污浊空气,能防止畜禽舍潮湿和病原微生物的滋生,保证畜禽舍空气清新,是改善畜禽舍小气候的重要手段。

【知识储备】

一、通风换气的意义

在高温条件下,通过加大气流排出舍内热量,增加畜禽舒适感,缓和高温影响的措施,称为通风。常在夏季进行通风,可促进畜禽蒸发散热和对流散热,是有效的防暑降温措施之一。在低温、畜禽舍密闭的情况下,引进舍外的新鲜空气,排出舍内的污浊空气,来改善畜禽舍空气环境状况的措施,称为换气。常在冬季进行换气,室内排出污浊空气,并引进新鲜空气。通风与换气在含义上有所区别,在实施次数上也有所差异,通常通风和换气是结合在一起的,即通风可以起到换气的作用。

通风换气的作用:①使舍内温度符合在舍畜禽要求,并使舍内温度分布均匀,缓和高温对畜禽的影响;②舍内外空气对流,排出舍内过多的水汽,使相对湿度保持在适宜范围;③排出舍内的灰尘、微生物、二氧化碳、氨气、硫化氢等,改善空气质量;④通过舍内外空气对流,保证畜禽体热平衡。

冬季通风换气,特别强调舍内要维持稳定的适宜温度和气流,以确保湿度的适宜稳定。当舍温高时,一旦降温,会使湿度达到过饱和,并在外围护结构的内侧凝结成水珠,出现低温高湿的不良现象。如果舍外气温显著低于舍内气温,换气必然导致舍温剧烈下降。若无热源补充,就无法组织有效的通风换气。因此,寒冷季节畜禽舍通风换气的效果,主要取决于畜禽舍的保温性能、舍内的防潮措施及卫生状况。如果将舍外空气加热后使其变得温暖、干燥并保持新鲜,经过加热的空气进入舍内后既可供暖、除湿,又可排出污浊空气。正压通风系统可实现上述操作。

二、通风换气量的计算

确定合理的通风换气量是组织畜禽舍通风换气最基本的依据。通风换气量主要是根据畜禽舍内产生的二氧化碳、水汽和热量来确定的,也有根据畜禽通风换气的参数来确定通风换气量的情况。

1. 根据二氧化碳计算通风换气量

二氧化碳是畜禽营养物质代谢的最终产物,是舍内空气污浊程度的一种间接指标。单位时间内各种畜禽的二氧化碳呼出量可由相关资料查出。其计算原理在于:根据舍内畜禽产生的二氧化碳总量,求出每小时由舍外导入多少新鲜空气,可将舍内聚集的二氧化碳冲淡至畜禽环境卫生学规定范围。

根据畜禽环境卫生的规定,舍内空气允许含有二氧化碳的含量为 $1.5\ \text{L/m}^3(C_1)$,自然状态下大气中二氧化碳含量为 $0.3\ \text{L/m}^3(C_2)$。即从舍外引入 $1\ \text{m}^3$ 空气然后排出同样体积的舍内污浊空气时,可同时排出的二氧化碳的含量为 C_1-C_2,当已知舍内含有二氧化碳的总量时,即可求出换气量。

$$L=\frac{1.2\times mk}{C_1-C_2}$$

式中:L 为通风换气量,m^3/h;k 为每头(只)畜禽产生的二氧化碳量,L/(h·头或只);m 为舍内畜禽的数量,头或只;C_1 为舍内空气中二氧化碳允许含量,L/m^3;C_2 为舍外的大气中二氧化碳含量,L/m^3。

$C_1-C_2=1.2$,属于固定值,则计算公式可简化为

$$L=mk$$

生产应用时,根据二氧化碳计算的通风换气量,只能将舍内过多的二氧化碳排出舍外,但不足以排出舍内多余的水汽。该法只适用于温暖、干燥地区。在潮湿、寒冷地区,应根据水汽和热量来计算通风换气量。

2. 根据水汽计算通风换气量

舍内畜禽通过呼吸和皮肤蒸发,时刻都在散发水汽,潮湿物体表面也蒸发水汽,若不及时排出就会聚积,导致舍内潮湿,故须借通风换气系统不断将水汽排出。其计算原理为:由舍外导入比较干燥的新鲜空气,将舍内潮湿空气排出。根据舍内外空气中所含水分之差和舍内畜禽产生的水汽总量,计算排出舍内多余水汽所需的通风换气量。

$$L=\frac{Q_1+Q_2}{q_1-q_2}$$

式中:L 为通风换气量,m^3/h;Q_1 为畜禽在舍内产生的水汽量,g/h;Q_2 为潮湿物体表面蒸发的水汽量,g/h;q_1 为舍内空气湿度保持适宜范围时所含的水汽量,g/m^3;q_2 为舍外大气中所含水汽量,g/m^3。由潮湿物体表面蒸发的水汽,通常按畜禽产生水汽总量的 10%(猪舍按 25%)计算。

生产应用时,群养畜禽根据水汽计算的通风换气量,一般大于根据二氧化碳计算的通风换气量。故在潮湿、寒冷地区用水汽计算通风换气量较为合理。

3. 根据热量计算通风换气量

畜禽在呼出二氧化碳、排出水汽的同时,还在不断地向外散发热量。因此,在夏季为了防

止舍温过高,必须通过通风将过多的热量排出畜禽舍;在冬季为了防止寒冷,应有效地利用这些热量温热空气,以保证不断地将舍内产生的水汽、有害气体、灰尘等排出。其计算原理为:单位时间内畜禽产生的余热等于温暖畜禽舍空气所需的热量,即通过外围护结构散失的热量以及畜禽舍水分蒸发消耗热量之总和。根据热量计算畜禽舍通风换气量的方法也叫热平衡法,即畜禽舍通风换气必须保持畜禽舍气温稳定。

$$Q = \Delta t \times (L \times 0.24 + \sum KF) + W$$

式中:Q 为畜禽产生的可感热,J/h;Δt 为舍内外空气温差,℃;L 为通风换气量,m³/h;0.24 为空气的热容量,J/(m²·℃);$\sum KF$ 为通过外围护结构散失的总热量,J/(h·℃);K 为外围护结构的总传热系数,J/(m²·h·℃);F 为畜禽舍外围护结构的面积,m²;W 为由地面及其他潮湿物体表面蒸发水分所消耗的热能,J。按畜禽总产热的 10%(猪舍按25%)计算。

此公式加以变化可求出通风换气量,即

$$L = \frac{Q - \sum KF \times \Delta t - W}{0.24 \times \Delta t}$$

根据热量计算通风换气量,实际是根据舍内的余热计算的。这个通风量只能用于排出多余的热能,不能保证冬季排出多余的水汽和污浊空气。故生产应用时只能用于清洁、干燥的畜禽舍。

4.根据通风换气参数计算通风换气量

近年来,一些技术发达的国家根据实验结果,为各种畜禽制定了通风换气参数,具有简便易行、应用广泛的特点。这就为畜禽舍通风换气系统的设计,尤其是对大型畜禽舍机械通风系统的设计提供了依据。根据畜禽在不同生长年龄阶段的通风换气参数与饲养规模,可计算通风换气量。

$$L = 1.1 \times km$$

式中:L 为通风换气量,m³/h;k 为通风参数,m³/(h·头);m 为畜禽数量,头或只;1.1 为按10%的通风估测总量损失。

生产中把夏季通风量叫作畜禽舍最大通风量,冬季通风量叫作畜禽舍最小通风量。寒冷地区应以最小通风量为依据确定通风口面积;采用机械通风时,必须根据最大通风量确定总的风机风量。

畜禽舍换气次数是指在 1 h 内换入新鲜空气的体积与畜禽舍容积之比。冬季换气次数过多,会降低舍温。一般规定,冬季畜禽舍换气次数应保持 3～4 次/h。除炎热季节外,畜禽舍换气次数不应多于 5 次/h。

三、自然通风

(一)自然通风原理

畜禽舍自然通风有 2 种形式:风压通风和热压通风(图 4-6)。

1.风压通风

以风压为动力的自然通风叫作风压通风。风压是指大气流动(刮风)时,作用于建筑物表面而形成的压力。当外界气流经过建筑物时,迎风面的气压将大于大气压,形成正压;背风面的气压将小于大气压,形成负压。气流由迎风面的开口流入,从背风面的开口流出,形成风压通风。只要有气流,建筑物的开口(或窗孔)两侧就存在压差,必然有自然通风。风压通风量的大小取决于风向角、风速、进风口和排风口的面积。舍内气流分布取决于进风口的形状、位置及分布。

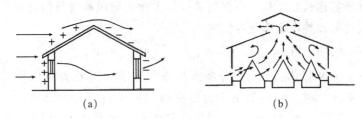

图 4-6　畜禽舍自然通风的 2 种形式
(a)风压通风;(b)热压通风

2.热压通风

热压通风是以热压为动力的自然通风。舍内空气被畜禽体、采暖设备等热源加热,膨胀变轻,热空气上升聚积于畜禽舍顶部或天棚附近,形成高压区,此时,畜禽舍上部气压大于舍外,屋顶如有缝隙或其他通道,空气就逸出舍外。畜禽舍下部的冷空气不断受热上升,形成空气稀薄的负压区,舍外较冷的新鲜空气不断渗入舍内补充,如此循环,形成热压通风。热压通风量的大小,取决于舍内外温差、进风口和排风口的面积以及二者中心的垂直距离。舍内气流分布则取决于进风口和排风口的形状、位置及分布。

自然通风实际是风压通风和热压通风同时进行的,但风压的作用大于热压。要提高畜禽舍的自然通风效果,就要使二者的作用相加。首先,应注意畜禽舍的跨度不易过大,9 m 以内为宜;其次,要求门、窗及卷帘启闭自如,关闭严密;再次,要合理设计畜禽舍朝向、进气口方位和笼具布置等。

(二)自然通风设计

自然通风的类型分为无管道式通风和有管道式通风 2 种。前者是利用门窗的开启进行通风的;后者是通过设置的进气口和排气口进行通风的。自然通风设计主要指有管道式通风。一般考虑无风时的通风量,以热压为动力计算。夏季有风时,畜禽舍通风量大于计算值,对畜禽更为有利;冬季有风时可关闭门窗,以减小外部气流对畜禽的不利影响。

1.确定排气口总面积

根据空气平衡方程 $L = 3\,600\,Fv$,导出

$$F = \frac{L}{3\,600\,v}$$

式中:F 为排气口总面积,m^2;L 为通风换气量,即由舍内排出的污浊空气量,m^3/h;v 为排气管中的风速,m/s。

排气管中风速 v 可用下列公式计算。

$$v = 0.5 \times \left[\frac{2gh(t_n - t_w)}{273 + t_w}\right]^{1/2}$$

式中:0.5 为排气管阻力系数;g 为重力加速度,9.8 m/s^2;h 为进气口与排气口中心的垂直距离,m;t_n 为舍内空气温度,℃;t_w 为舍外空气温度,一般为冬季最冷月平均气温(可查当地气象

资料),℃;273 为相当于 0℃的热力学温度,K。

每个排气管的断面采取 50 cm×50 cm～70 cm×70 cm 的正方形。

2.进气口面积

从理论上讲,排气口面积应与进气口面积相等,但通过门窗缝隙或畜禽舍空洞以及启闭门窗时,会有一部分空气进入舍内。所以,进气口面积应小于排气口面积,一般按排气口面积的70%～75%设计。每个进气口断面常为 20 cm×20 cm～25 cm×25 cm 的正方形或矩形。

3.检查采光窗的夏季通风量能否满足要求

采光窗用作通风窗,h 为窗高的一半,上部为排气口,下部为进气口,各为窗面积的1/2。计算通风量 $L=3\,600\,Fv$,F 为排气口面积,所得值为总通风量,与畜禽舍所需通风量比较即可知通风是否达标。

4.地窗、天窗、通风屋脊及屋顶通风管的设计

畜禽舍仅靠采光窗通风不能满足要求时,可增加辅助通风设施,将进气口、排气口中心的垂直距离加大。①地窗。设在采光窗下,按采光面积的 30%～50%设计成卧式保温窗。有风时可在地面形成"穿堂风"和"扫地风",有利于夏季防暑。②天窗。可在半钟楼式畜禽舍的一侧或钟楼式畜禽舍的两侧设置,沿屋顶通长或间断设置。③通风屋脊。沿屋脊通长设置,宽度为 0.3～0.5 m,一般适用于炎热地区。④屋顶通风管。在夏热冬冷地区,设屋顶通风管可加大夏季通风。冬季用通风管排风,应将进气口设在墙的上部,距屋檐 10～15 cm,以免冷风直接吹向畜禽。

5.冬季通风设计

考虑到冬季避风防寒,畜禽舍常关闭采光窗和地窗,此时,对于不设天窗和屋顶通风管的小跨度畜禽舍而言,由于通风量相对较小,门窗缝隙冷风渗透相对较多,可在南窗上部设置类似风斗的外开下悬窗作排气口,每窗设 1 个或隔窗设 1 个通气口,酌情控制启闭或开启角度,以调节通风量。

大跨度畜禽舍(7～8 m 及以上),应设置屋顶通风管作排气口,通风管要高出屋顶不小于1 m,下端伸入舍内不小于 0.6 m。上口设风帽,为防止刮风时倒风或进雨雪;下口设接水盘,以防止风管内凝水或结冰。为控制风量,管内应设调节阀,以便控制开启大小。风管面积可根据畜禽舍冬季所需风量求得,风管最好做成圆形,以便必要时安装风机,风管直径以 0.3～0.6 m为宜。根据畜禽舍所需通风总面积确定风管数量,再根据畜禽舍间数均匀设置。

进气口面积可按风管的 50%～70%设计,若两纵墙都设进气口时,迎风墙上的进气口应有挡风装置,在进气口里设导向板,以防风压影响,并可控制进风量和风向。进气口外侧应装有铁丝网以防鸟兽。

四、机械通风

机械通风是依靠通风机械为动力的通风方式。其优点是可以克服自然通风受外界风速变化、舍内外温差等因素的限制,根据不同的气候、不同的畜禽种类设计理想的通风量和畜禽舍气流速度。常用于大型封闭式畜禽舍。

(一)风机类型

1.离心式风机

离心式风机的特点是不具逆转性,压力较强,可将气流方向改变90°。在畜禽舍通风换气

过程中,多半在集中输送热风和冷风时使用。

2.轴流式风机

轴流式风机的特点是具有逆转性,可改变气流方向,可送气,也可排气。压力小,噪声低,可获得较大的流量,节能显著,进气气流分布均匀,在养殖业中较常用。

(二)通风形式

1.负压通风

负压通风也称排风,把轴流式风机安装在排气口处,将舍内污浊空气抽出舍外,使舍内气压相对低于舍外,舍外新鲜空气通过进气口或进气管自然流入舍内,形成舍内外气体交换。负压通风具设备简单、投资少、管理费用低、效率高等优点。但要求畜禽舍封闭程度好,否则气流难以分布均匀,易造成贼风。负压通风分为屋顶排风、侧壁排风和穿堂风式排风等(图 4-7)。

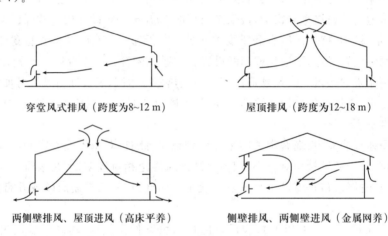

图 4-7　负压通风形式

2.正压通风

正压通风也称进气式通风,把离心式风机安装在进气口,通过管道将空气压入封闭式畜禽舍内,造成舍内气压高于舍外,舍内污浊气体经排气管(口)自然流出。正压通风可对进入的空气进行加热、降温或净化处理,在寒冷或炎热地区均适用。但不易消灭通风死角,投资和管理费用大。根据风机安装位置,正压通风可分为侧壁送风、两侧壁送风和屋顶送风(图 4-8)。

图 4-8　正压通风形式

3.联合通风

联合通风是进气口和排气口同时安装风机,同时进风和排风的一种通风方式(图 4-9)。适于大型无窗式封闭式畜禽舍,其效率要比单纯的正压通风或负压通风要好。风机安装形式主要有:①进气口设在畜禽舍墙壁较低处,排气口设在畜禽舍上部,分别装设送风机和排风机。这有助于通风降温,适用于温暖和较热地区。②进气口设在畜禽舍上部,排气口设在下部,分别装设送风机和排风机。该种形式可避免在寒冷季节冷空气直接吹向畜禽,又便于预热、冷却和过滤空气,寒冷地区或炎热地区都适用。

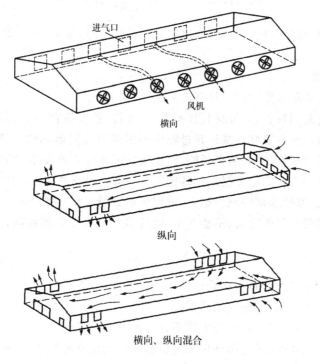

图 4-9　联合通风形式

根据气流的方向,将畜禽舍机械通风分为横向通风、纵向通风以及混合通风 3 种。横向通风将风机安装在一侧纵墙上,进气口设置在另一侧纵墙上,气流沿畜禽舍横轴方向流动,适用于小跨度畜禽舍,可避免通风距离过长而导致舍内气温不均。纵向通风将风机安装在畜禽舍的一端山墙或一侧山墙附近的纵墙上,进气口设置在另一端山墙或另一侧山墙附近的纵墙上,气流沿畜禽舍纵轴(长轴)而流动,适用于大跨度畜禽舍和具有多列笼具的畜禽舍,可以使空气流动比较均匀且不留死角。通常纵向通风需要使用风压大的离心式风机。

(三)机械通风设计

机械通风设计的计算复杂,一般由专业人员承担设计。负压通风设备简单,我国采用较多。

1.确定负压通风的形式

当畜禽舍跨度为 8～12 m 时,可在一侧墙壁排风,而由对侧墙壁进风(称为穿堂风);畜禽舍跨度大于 12 m 时,宜采用两侧墙壁排风、屋顶进风和屋顶排风、两侧墙壁进风 2 种方式。

2.风机的选择

风机通常采用轴流式风机,在特殊情况下,采用离心式风机。风机总功率等于实际通风量,即最大通风换气量加上 10% 的风口阻耗。常用的风机型号为 4 号、6 号,风量分别为 42 m³/min

和117 m³/min。

3.确定风机数量

风机数量由下列公式算得

$$风机台数 = \frac{风机总功率(实际通风量)}{每台风机功率}$$

风机设于纵墙上时,按纵墙长度(值班室、饲料间不计),每7～9 m设1台。

4.风机的安装及注意事项

(1)风机的安装

①风机的基础要求水平、坚固,且基础高度≥200 mm。

②风机与风管采用软管(柔性材料且不燃烧)连接,长度不宜小于200 mm,管径与风机进出口尺寸相同。为保证软管在系统运转过程中不出现扭曲变形,应安装得松紧适度。对于装在风机吸入端的帆布软管,可安装稍紧些,防止风机运转时被吸入,减少帆布软管的截面尺寸。

③风机的钢支架必须固定在混凝土基础上。全部风机及电动机组件都安装在整块的钢支架上,钢支架安装在基础顶部的减震垫上,减震垫最好用多孔型橡胶板。

④风机出口的管径只能变大、不能变小,最后出风口要安装防虫网,偏向上出风时须增加风雨帽。

(2)注意事项

①凡风道支架上的螺栓孔一律采用钻孔,不得采用气焊割孔。

②带有斜支撑的托架,焊缝应为满焊。

③吊架中吊杆下料应准确,吊杆中间不宜出现搭接焊缝。

④当风道断面较小时,风道吊杆可采用膨胀螺栓固定在楼板上,当风道较大时,应采用钻孔固定的方式。

⑤支架在安装前,应在墙体、柱体和楼板面上弹出风道的中心线,然后再确定支架的水平位置及标高,可保证安装后风道的水平度和平面中心位置。

⑥支架安装前,应对外露部分进行除锈、刷防锈漆处理。

⑦无特殊要求时,风道支架的间距一般为3 m,但在不足3 m的风道应在两端各安装一支架,在三通和弯头处宜加设支架。

⑧在风道支架上不得安装其他专业的管道或线缆。

 项目小结

本项目详细介绍了畜禽舍通风与换气的概念及作用,重点讲解了通风换气量的计算方法。要求学生掌握畜禽舍通风换气量的计算方法。

 学习思考

1.何谓通风与换气?畜禽舍通风换气的作用是什么?

2.畜禽舍通风换气量的计算方法有哪些?

畜禽场环境管理与污染控制

项目一　畜禽舍空气管理与污染控制

【项目导入】

在大规模、高密度的工厂化畜禽生产过程中,通风换气不良或饲养管理不善,会产生大量的微粒、微生物、有害气体、臭气和噪声等,严重污染畜禽舍空气环境,影响畜禽健康和生产力。因此,在控制畜禽舍空气环境的同时,还必须预防和减少畜禽舍空气污染。

【知识储备】

一、畜禽舍空气中微粒和微生物的污染与控制

(一)微粒

微粒是指以固体或液体微小颗粒形式存在于空气中的分散胶体。大气和畜禽舍空气中都含有微粒。

1. 来源

微粒来源的外因主要是由舍外空气带入的;来源的内因主要是由饲料管理人员活动(分发饲料、清扫地面、使用垫料、通风除粪、刷拭畜体、饲料加工)及畜禽本身(活动、咳嗽、鸣叫)产生的。

2. 数量及其性质

微粒数量由微粒大小、空气湿度和气流速度决定。其性质是由当地自然条件(地面条件、土壤特性、植被状况、季节及气象因素)和人为因素(居民、工厂及农民活动情况)决定的。空气中微粒的含量可用密度法和重量法来度量:①密度法表示微粒含量:单位体积空气中微粒的个数,一般单位为粒/m^3;②重量法表示微粒含量:单位体积空气中所含微粒的质量,一般单位为mg/m^3。据统计,畜禽舍空气中微粒含量一般为$10^3 \sim 10^6$粒/m^3,在翻动垫草或干饲草时,数量可以增加数十倍。

3. 种类

微粒按成分可分为无机微粒和有机微粒2种。前者多由土壤粒子被风从地面刮起或生产活动扬起的,如燃烧的各种燃料;后者又分为植物颗粒(如饲料屑、细纤维、花粉、孢子等)和动物颗粒(如动物皮屑、细毛、飞沫等)。畜禽舍空气中有机微粒所占的比例较大,可达60%以上。

微粒按粒径大小可分为尘、烟、雾。①尘:粒径大于 1 μm 的固体粒子,当粒径大于10 μm 时,因本身重力作用能迅速降到地面,称为降尘;粒径在 1~10 μm 的固体粒子能在空气中长期飘浮,称为飘尘。②烟:粒径小于 1 μm 的固体粒子。③雾:粒子小于 10 μm 的粒子。

4. 危害

微粒粒径大小影响其侵入畜禽呼吸道的深度和停留时间,故造成的危害程度也不同。同时,微粒的化学性质决定危害的性质。微粒对畜禽的危害有如下几个方面。

(1)皮肤　微粒落到皮肤上,可与皮脂腺和汗腺分泌物、细毛、皮屑、微生物混合在一起刺激皮肤,引起瘙痒和发炎。同时堵塞皮脂腺和汗腺出口,使腺体分泌受阻,导致皮肤干燥和易损伤及破裂。还能引起畜禽热调节机能破坏,降低其对传染病的抵抗力和抗热应激能力。

(2)眼睛　尘埃微粒长期作用于眼睛,可使眼睛干燥发涩,引起角膜炎、结膜炎。

(3)呼吸道　降尘对鼻黏膜有刺激作用。飘尘可进入支气管和肺泡,一部分沉积,另一部分进入淋巴结和血液循环系统,引起畜禽咽、支气管和肺部炎症以及尘埃沉积病。

(4)作有害气体的载体　微粒在潮湿环境下可吸附氨气、二氧化硫、硫化氢等有害气体,进入呼吸道,会给呼吸道黏膜以更大的刺激,引起黏膜损伤。微粒体积越小,对呼吸系统的危害越大。

(5)作病原微生物的载体　微生物多附着在空气微粒上运动与传播,畜禽舍中的微生物随尘埃等微粒的增多而增多。据测定,肉鸡舍和蛋鸡舍在冬季空气中,细菌数和降尘量均高于夏季。畜禽舍空气中飘浮的灰尘与潮湿、污浊的气体环境相结合,为微生物的生存和繁殖提供条件。

(6)对动物生产的影响　尘埃等微粒通过影响畜禽机体健康,从而影响其优良生产性能的充分发挥,并直接影响动物产品质量,如过分干燥的环境,加上尘埃作用,会极大地降低毛皮动物毛绒与板皮的质量。

5. 消除或减少畜禽舍空气微粒的措施

①在畜禽场四周种植防护林带,减少风力,阻滞外界尘埃的产生;在畜禽场内做绿化,路旁种植草皮、灌木、乔木,植被高矮结合,尽量减少裸地面积,减少尘粒产生。

②饲料车间、干草垛应远离畜禽舍,避免在畜禽舍的上风向,以减少饲料粉尘对畜禽舍空气的污染。

③在畜禽舍内,分发干草和翻动垫料要轻,以减少尘粒的产生。

④尽量减少干粉料饲喂动物,改用颗粒饲料或者拌湿饲喂。

⑤禁止带畜干扫畜禽舍地面,禁止在畜禽舍中刷拭家畜。

⑥适当减少饲养密度,以减少空气微粒的产生。

⑦定时通风换气,及时排出舍内微粒及有害气体。

⑧必要时进风口可安装滤尘器,或采用管道正压通风,在通风管中设除尘、消毒装置,对空气进行过滤,以减少微粒数量。

(二)微生物

洁净的空气是微生物生长的不利环境,但当空气污染后,微生物可附着在微粒上生存从而传播疾病。畜禽舍湿度大,微粒多,微生物数量随之增多。紫外线的杀伤力微弱,畜禽舍内空气向外扩散的速度慢,使得舍内微生物数量远远超过大气中的微生物数量,尤其是通风不良、不卫生的畜禽舍。

1.危害

当畜禽舍空气中含有病原微生物时,可附着在飞沫和尘埃2种不同的微粒上传播疾病。

(1)飞沫传染　患有呼吸道传染病(如肺结核、猪气喘病、流行性感冒)的畜禽在打喷嚏、咳嗽、鸣叫时,会从鼻腔、口腔内喷出大量的飞沫液滴,其中含有多种病原微生物、黏液素、蛋白质和盐类物质等。滴径小于 $1\ \mu m$ 的飞沫,可长期飘浮在空气中,并侵入畜禽支气管深处和肺泡中进行传染。

(2)尘埃传染　患病畜禽排泄的粪尿、飞沫、皮屑等经干燥后形成微粒,常含有病原微生物,如结核病毒、链球菌、霉菌孢子、芽孢杆菌、鸡马立克氏病毒等,在清扫地面或刮风时飘浮于空气中,被易感动物吸入后就可能染病,并发生传染。一般来说,畜禽舍中飞沫传染在流行病学上更为严重。

2.畜禽场空气微生物的控制措施

为减少病原微生物对畜禽生产带来的危害,充分发挥优良畜禽的生产潜力,保证畜禽产品的质量,发展高产、优质、高效的绿色畜禽产业,必须对畜禽场有害微生物进行控制。

①在选择场址时,应远离传染病源,如医院、兽医院、皮革厂、屠宰场等,防止这些场所的病原微生物对畜禽生产造成损害。

②畜禽场周围应设防护林带,并以围墙封闭,防止一些小动物把外界疾病带入场内;畜禽场应与公路主干线保持安全距离,以专用道与主干公路相连,防止过往车辆带来病原微生物;畜禽场内部要严格分区,分为管理区、生产区、病尸及粪便处理区,以防病原微生物的蔓延。

③在畜禽场的大门设置消毒设施及车辆喷雾消毒设施,保证外出车辆不带入病原微生物;在各生产功能区入口处,各畜禽舍入口处及过往通道设消毒池及紫外线灯,严防带入病原微生物。

④场内要绿化,畜禽舍内要保持清洁,以减少尘埃产生。

⑤定时通风换气,减少一切有利于微生物生存的条件,必要时采用除尘器净化空气,大幅度减少空气中微粒和微生物数量。

⑥定期和不定期消毒。常用的消毒液有 $10\%\sim20\%$ 的生石灰乳、含有效氯 $2\%\sim5\%$ 的漂白粉、$2\%\sim5\%$ 氢氧化钠溶液、$20\%\sim30\%$ 草木灰水及 $2\%\sim5\%$ 福尔马林溶液。用甲醛熏蒸法对畜禽舍进行空气消毒。预防性消毒要作为制度定期进行。临时消毒是在发生传染病时,为及时消灭病原体所进行的不定期消毒。

二、畜禽舍空气中有害气体的污染与控制

畜禽舍外空气环境一般比较稳定,但由于畜禽的呼吸、排泄、生产过程等,畜禽舍内空气的成分变化较大,有害气体的浓度增加。封闭式畜禽舍若通风不良、卫生管理差、畜禽饲养密集,易导致有害气体大量聚积,对畜禽生产危害极大,甚至造成慢性中毒或急性中毒。

(一)氨

1.来源

在畜禽舍内,氨主要是由含氨有机物(如粪、尿、饲料残渣、垫草等)腐败分解的产物。地面结构不良,地面清扫不及时,排水、通风设备欠佳,饲养密度过大,管理不善等,均有可能造成氨

的含量增加。氨的密度较小，源于地面，主要分布在畜禽所能接触到的范围，危害极大。

2.危害

(1)眼睛和呼吸系统　氨极易溶于水，常被人畜的黏膜和结膜吸附而引起结膜和上呼吸道黏膜充血、水肿以及分泌物增多，甚至发生咽喉水肿、支气管炎和肺水肿等。

(2)血液循环系统　氨被吸入肺部后，能自由扩散进入血液，并与血红蛋白结合生成碱性高铁血红素，破坏血液载氧功能，导致畜禽贫血、缺氧。如果畜禽吸入的氨较少，可通过肝脏变成尿素排出体外，但畜禽的抗病力会明显降低。高浓度的氨可引起畜禽呼吸中枢神经麻痹甚至死亡。

3.卫生学要求

我国劳动卫生标准规定，空气中的氨浓度最高不得超过 40 mg/kg。家畜长期在畜禽舍中，氨的容许浓度相应低些，最高允许值为 26 mg/kg。鸡对氨特别敏感，最高浓度不得超过 20 mg/kg。

(二)硫化氢

1.来源

硫化氢主要来自含硫有机物的分解。当畜禽采食蛋白质饲料而消化不良时，可由肠道排出大量的硫化氢。在封闭式蛋鸡舍，破损鸡蛋较多且没有及时清除，空气中硫化氢浓度明显增加。硫化氢比重较大，故越接近地面，硫化氢气体浓度越大。

2.危害

(1)眼睛和呼吸系统　易被畜禽呼吸道黏膜吸附，与钠离子结合生成硫化钠，易引起眼炎、角膜浑浊、流泪、怕光及呼吸道炎症甚至水肿。

(2)血液循环系统　硫化氢经肺泡进入血液，部分被氧化成无毒的硫酸盐排出体外，其余的则游离于血液中，可将氧化型细胞色素酶中的 Fe^{3+} 还原为 Fe^{2+}，使酶失去活性，降低细胞氧化能力，引起全身性中毒。

(3)中枢神经系统及其他　高浓度的硫化氢能引起畜禽呼吸中枢神经麻痹，导致窒息死亡。即使在低浓度下，也会引起畜禽体质衰弱，体重减轻，抗病力下降，还易发生胃肠炎、心脏衰弱等疾病。

(三)二氧化碳

1.来源

二氧化碳主要来源于畜禽呼吸，例如一头体重 100 kg 的育肥猪，呼出二氧化碳的量为 43 L/h；一头体重为 600 kg、日产奶 30 kg 的奶牛，呼出二氧化碳的量为 200 L/h；1 000 只母鸡排出二氧化碳的量为 1 700 L/h。在冬季，畜禽舍空气中的二氧化碳含量比大气中高出许多倍。在换气良好的畜禽舍内，二氧化碳含量比大气中高出 50%；通风换气不良或饲养密度过高，二氧化碳含量则会大大超标。

2.危害

二氧化碳本身无毒，对畜禽没有直接危害。但当畜禽舍内二氧化碳浓度过高时，空气中的各种气体含量下降。畜禽长期在缺氧环境中，会导致精神萎靡，食欲减退，体质下降，生产力降低，对疾病的抗病力减弱，特别易感结核病等传染病。

3.卫生学要求

二氧化碳含量的多少代表空气的污浊程度和畜禽舍通风状况,其含量增减可作为畜禽舍空气卫生评定的一项间接指标。畜禽舍空气中二氧化碳浓度不应超过 0.15%(1 500 mg/kg)。

(四)畜禽舍中有害气体的控制

产生有害气体的途径多种多样,消除有害气体也必须从多方面入手,多采取综合措施进行防治。

(1)全面规划,合理布局　在畜禽场场址选择和建场过程中,避免工厂排放物对畜禽场环境的污染;合理设计畜禽场和畜禽舍的排水系统、粪尿和污水处理设施及绿化设施等。

(2)及时清除畜禽舍内的粪尿、污水　畜禽粪尿必须立即清除,防止在舍内积存和腐败分解;训练畜禽定点排泄或者到舍外排泄,从而有效地减少畜禽舍内有害气体的产生。

(3)保持舍内干燥　氨和硫化氢都易溶于水,当舍内湿度过大时,它们被吸附在墙壁和天棚上,随水分透入建筑材料中。当舍内温度上升时,又挥发逸散出来,污染空气。因此,在冬季应加强畜禽舍的保温和防潮管理,避免舍温下降,导致水汽在墙壁、天棚上凝结。

(4)适当降低饲养密度　在规模化集约化畜禽场中,冬季畜禽舍密闭,饲养密度过大,加上通风不良,换气量小,易导致空气污浊,有害气体浓度增加。适当降低饲养密度可以减少畜禽舍有害气体的产生。

(5)合理通风换气　冬季进入舍内的空气温度要高于水汽露点温度,以防水汽凝结。当条件许可时,可采用有管道的正压通风系统,对进入舍内的空气进行加热或降温处理,提高污浊空气排出量。

(6)使用垫料或吸收剂,吸收一定量的有害气体　规模较小的农户养殖场,可在舍内地面,尤其是畜床上铺垫料,以吸收有害气体。肉鸡育雏时也可用吸收剂,如磷酸、磷酸钙、硅酸等,吸收部分有害气体。据观测,蛋鸡舍中每只鸡撒布 16 g 过磷酸钙后,氨的浓度可由 100 mg/m^3 降至50 mg/m^3;肉鸡舍中每只鸡撒布 10 g 过磷酸钙后,氨的浓度可由 50 mg/m^3 降至 10 mg/m^3。

(7)采用微生物活菌制剂降解有害物质　在畜禽舍内和粪便中投放 EM 菌剂等有益微生物复合制剂,可有效地降解和直接利用氨、硫化氨等有害气体,对臭气的产生和病原微生物的滋生有抑制作用,以达到净化空气的目的。

(8)合理调配日粮和使用添加剂　适当降低日粮中粗蛋白质含量,添加必需氨基酸或酶制剂,提高日粮中蛋白质的利用率,以减少粪便中氮、磷、硫的含量,以及粪便、肠道臭气的排放量。添加非营养性添加剂,如膨润土和沸石粉,可吸附粪尿中的有害气体。

三、畜禽舍空气中的噪声污染与控制

声响是物体振动时在弹性介质(气体、液体或固体)中传播的声波。当声波的频率和压力恰在人或畜禽听觉能感受范围内时,称为声音。声音是否是噪声,主要与声音的强度、频率和人或畜禽的感受有关。凡是环境中不协调的声音,人们感到吵闹或不需要的声音都为噪声,包括杂乱无章的声音和音乐等。

1.来源

①外界传入:如飞机、机动车辆等的轰鸣声,以及雷鸣等;②舍内机械产生:如风机、除粪机、喂料机等产生的噪声;③畜禽本身产生:如畜禽鸣叫、采食、走动、争斗等的噪声。

2.危害

目前,关于噪声对畜禽的影响研究极少,在人和小动物上研究较多。声音是一个可利用的物理因素,它不仅在行为学上是畜禽传递信息的生态因子,而且对生产也会产生一定的影响。据报道,在奶牛挤奶时,播放轻音乐有增加产奶量的作用;用轻音乐刺激猪,可以改善单调环境,有防止咬尾癖、刺激母猪发情和缩短产蛋鸡周期的作用。

3.噪声的标准和预防

畜禽舍内外的噪声应根据畜禽的种类、年龄等作相应的规定。幼畜、雏鸡和蛋鸡的要求较高,成年畜禽可适当放宽标准。

为减少噪声的发生和影响,在建场时应选好场址,尽量避免工矿企业、交通运输干扰,场内的规划要合理,交通线不能太靠近畜禽舍。舍内进行机械化生产时,对设备的设计、选型和安装应尽量选用噪声小的。畜禽舍周围种树、种草可使外界噪声降低 10 dB 以上。人在畜禽舍内的一切活动要轻。

项目小结

本项目主要讲述了畜禽舍空气中微粒和微生物危害与控制;简述了畜禽舍空气中有害气体的来源、危害以及噪声的污染与控制;重点讲述了畜禽舍空气中有害气体的危害与控制。要求学生了解畜禽舍空气中的微粒和微生物的危害并掌握其控制措施。了解畜禽舍空气中有害气体如氨、硫化氢、二氧化碳等的来源、危害,掌握畜禽舍有害气体的控制措施。

学习思考

1.简述空气中微粒的种类及危害。

2.简述空气中微粒的控制措施。

3.简述空气中微生物的控制方法。

4.畜禽舍空气中有害气体主要有哪些? 简述其控制措施。

5.名词解释:微粒、有害气体、噪声。

项目二　水环境管理与污染控制

【项目导入】

水是畜禽体的重要组成成分(占体重的 $50\% \sim 80\%$),是体内大量元素供给的来源之一,畜禽体的一切生理、生化过程都在水中进行,如养分的运输、废物的排出等。其作用为:①水构成畜禽机体的内环境;②在维持畜禽热平衡中,水起着关键作用;③水也是影响外环境小气候的重要因素,动物离不开水,缺水比缺食危害更大;④在畜禽生产过程中,饲料调制、设备与工具的清洗与消毒等都需要大量的水。因此,在畜禽场选址和规划中,水源和水质是首要考虑的条件之一。

【知识储备】

一、水源的种类及卫生特点

水在自然界分布广泛,能被利用的淡水水源可分为地表水、地下水和降水三大类。但因其来源、环境条件和存在形式不同,又有其各自的卫生特点。

1.地表水

地表水包括江、河、湖、塘及水库中的水,是由降水或地下水汇集而成的。地表水易受生活和工业废水的污染,常因此引起疾病流行和慢性中毒。地表水一般来源广、水量足,其本身有较好的自净能力,是畜禽生产广泛使用的水源。在条件许可的情况下,应尽量选用水量大且流动的地表水作为畜禽场的水源。供饮用的地表水一般需要进行人工净化和消毒处理。

2.地下水

地下水是由降水和地表水经地层的渗滤贮积而成的。水中所含的各类杂质绝大部分已被滤除,且受到污染的机会较少。水质基本特征是悬浮杂质少,水清澈透明,有机物和细菌含量极少,溶解盐含量高,硬度和矿化度较大,不易受污染,水量充足而稳定,便于卫生防护。但某些地区地下水含有某些矿物性毒物,如氟化物、砷化物等,往往引起地方性疾病,使用前应进行检测。

3.降水

降水是由海洋和陆地蒸发的水蒸气凝聚形成的,其水质依地区条件而定。靠近海洋的降水可混入海水飞沫,内陆的降水可混入大气中的灰尘、微生物等,城市和工业区的降水可混入烟煤、酸雨等。降水不易收集,贮积困难,水量受季节影响大,除严重缺水地区外,一般不作畜禽场的水源。

二、水的污染与自净

水体中的生物生长、繁殖以及自然因素,如山洪暴发、雨水侵蚀等形成的污染属于自然污染。向江河、湖泊排放大量未经处理的工业废水、生活污水和各种废弃物而造成的水质恶化属于人为污染。

(一)水体污染物的种类及危害

1.有机物污染

生活污水、畜产污水,以及造纸、食品工业废水等都含有大量的腐败性有机物。当水体溶氧充足时,好氧分解生成硝酸盐类稳定的无机物。当水体缺氧时,厌氧分解产生甲烷、硫化氢、硫醇之类的恶臭,使水质恶化。水质过肥,易导致水体富营养化,水生生物大量繁殖,水变得浑浊,氧气消耗量增大,威胁贝类、藻类生存,造成鱼类死亡。粪便、生活污水中含有病原微生物及寄生虫卵,畜禽饮用后会造成疾病的传播与流行。

2.微生物污染

水源被微生物污染后,会引起某些传染病的传播与流行。如猪丹毒、猪瘟、副伤寒、布氏杆菌病、炭疽病等。主要污染来源是患病畜禽或携带病原菌者的排泄物、尸体,兽医院的污水以及屠宰场、制革厂和洗毛厂的废水。由于天然水体的自净作用,偶然的一次污染不会造成持久性的水介传染病,但大量的、经常性的污染危害极大。

3.有毒物质污染

常见的无机性毒物有铅、汞、砷、铬、镉、镍、铜、锌、氟、氰化物,以及各种无机酸、碱等;有机性毒物有酚类化合物、聚氯联苯、有机氯农药、有机磷农药、合成洗涤剂、有机酸等。水体受污染的主要来源有:①排入未经处理的工业废水;②农田广泛使用的农药被雨水带入水体;③地层中含有大量的砷、铅和氟等矿物质。

各种不同性质的毒物污染水体后,产生的不良影响有:①引起中毒。某些毒物如铅、汞、砷、氰化物、有机磷农药和氟等毒性大,当污染水体后,饮用该水的畜禽可能中毒,使用该水养殖的鱼类也可能中毒甚至死亡。②恶化水的感官性状。有些毒物如酚类、石油等,一般的浓度对机体无直接毒害,但可使水发生臭味、异味,有颜色,形成泡沫或油层等,妨碍水的正常使用。③妨碍水体的自净作用。铬、镍、铜、锌等在水中能抑制微生物的生长和繁殖,阻碍水的自净作用,影响水体卫生。

4.致癌物质污染

致癌物质污染主要来自石油、颜料、化学和燃料等工业废水,如砷、铬、镍、苯胺等。其易在水中的悬浮物、底泥和水生生物体内蓄积。

5.放射性物质污染

人工放射性元素侵入水体时,其含量急剧增加,会危害动物的健康。

(二)水体的自净作用

水体受污染后,由于本身的物理、化学和生物学的综合作用,污染逐渐消除的过程称为水体的自净作用。其有一定的限度,当污染物的浓度超过水体的自净能力时就不能自行消除。主要表现如下:

1.混合稀释

污染物进入水体后,逐渐与水混合稀释,从而降低其浓度。可稀释到难以检测或不足以引起毒害的程度。

2.吸附沉降与逸散

污染物进入水体后,其中密度大、颗粒粗的悬浮物,因重力作用而下降。水中的胶质微粒吸收周围污染物结合成团,因密度加大而下沉,称为吸附沉降。某些挥发性的污染物,如酚、硫化氢等,在阳光、紫外线、高温或水流搅动等作用下,可逸散到大气中,称为逸散。

吸附沉降和逸散不能完全消除危害。如逸散到大气中的污染物,可污染大气,随降雨又返回水体中;吸附沉降到水底的污染物,可因水流量增加,流速加快,重新冲起,造成二次污染。

3.日光照射

紫外线具有杀菌作用,但其穿透力较弱,当水体浑浊时,杀菌作用极为有限。日光可提高水温,促进有机物的生化分解作用。

4.有机物的分解

水中的有机物在微生物的作用下,进行好氧或厌氧分解,最终使复杂有机物变成简单物质,称为生物性降解。此外,水中有机物也可通过水解、氧化和还原反应进行化学降解。当水体溶氧充足时,好氧分解快,最终产物为二氧化碳、硝酸盐、硫酸盐和磷酸盐等无机物。当水体溶氧不足时,厌氧分解慢,生成硫化氢、氨和甲烷等具有臭味的物质。

5.水栖生物的拮抗作用

水栖生物的种类繁多,因生存竞争彼此影响,进入水体的病原微生物常受非病原微生物的拮抗作用而死亡或变异。有些原生动物能吞噬细菌、寄生虫卵和有机碎屑等。

6.生物学转化及生物富集

某些污染物进入水体后,在微生物的作用下,污染物发生转化,转化后的毒性可升高或降低,对水体污染的危害性可加重或减弱。污染物被水生生物吸收后,在生物组织中富集,又可通过食物链,即浮游植物→浮游动物→贝、虾、小鱼→大鱼,逐渐提高组织内的富集量。凡属脂溶性、在机体内难以转化的物质,都有在体内富集的倾向,如甲基汞、有机氯化合物、多环芳香烃等。

三、水质卫生标准及评价

我国现已公布和执行的水质卫生标准有:①《生活饮用水卫生标准》是保证水质适合于生活饮用,其与人畜健康有直接关系,是对饮用水水质评价和水源管理的依据;②《地表水环境质量标准》是保证水质适合于人们生活使用和工农业生产,评价地表水污染状况和对废水排入进行检测的依据;③《污水综合排放标准》是车间或工厂排出口的废水必须达到的要求,是保证地表水不致受到污染的规定。

(一)饮用水的卫生要求

1.《生活饮用水卫生标准》(GB 5749—2006)

《生活饮用水卫生标准》为全国通用设计标准,其规定了生活饮用水水质卫生要求、生活饮用水水源水质卫生要求、集中式供水单位卫生要求、二次供水卫生要求、涉及生活饮用水卫生安全产品卫生要求、水质监测和水质检验方法。畜禽饮用水的水质标准,目前我国没有明确的规则,但可参照该标准并灵活运用。

2.畜禽场用水量

畜禽场用水量包括人的生活用水和畜禽用水。①人的生活用水包括饮用、洗衣、洗澡及卫生用水。一般按每人 20～40 L/d 计算。②畜禽用水包括饮用、饲料调制、畜体清洁、刷洗饲槽及用具、畜禽舍清扫等所消耗的水。各种畜禽每日用水量见表 5-1。

表 5-1　各种畜禽每日用水量　　　　　　　　　　　　　　L/d

畜禽种类	泌乳牛	育成牛	犊牛	种母马	种公马	带仔母猪	妊娠母猪、公猪
舍饲期用水量	70～120	50～60	30～50	50～75	40～50	75～100	45

畜禽种类	育成猪	幼猪、育肥猪	成年母羊	羔羊	成年鸡	雏鸡	鸭
舍饲期用水量	30	15～20	10	5	1	0.5	1.25

畜禽场的用水量很不均衡,随季节和每天的时间不同而不同。夏季比冬季用水多,夜间用水少,上班后增加。在计算畜禽场用水量时,应按单位时间内最大耗水量进行计算。

(二)饮用水的卫生评价

1.感官性状指标

感官性状指标包括水的温度、色度、浑浊度、臭和味、肉眼可见物等,通常可用感觉器官去直接观察(也可用仪器检测),称为感官性状指标。

(1)水温 可影响水中生物的活动、水体自净能力和人类对水的利用等。地表水随季节和气候的变化而变化,一般水温的变化落后于气温的变化,其变化范围为 0.1～30℃。地下水比较稳定,水温为 8～12℃。当大量工业废热水排入地表水时可造成热污染,致使溶氧下降,危害水生生物。

(2)色 纯洁的水一般无色,水体呈现异色时,必须分析其原因。如含腐殖质时,呈棕色或棕黄色;大量藻类繁殖时,呈绿色或黄绿色;深层地下水含大量低价铁,汲出地面被氧化成高价铁后,呈黄褐色。被不同工业废水污染的水,可呈现各种各样的颜色。

(3)浑浊度 表示水中悬浮物和胶体物阻碍光线透过程度的物理量。洁净的水是透明的,泥沙、有机物、生活污水、工业废水都可使水的浑浊度增加。1 L 水中含有相当于 1 mg 标准硅藻土形成的浑浊状况规定为 1 度,我国规定饮用水浑浊度不得超过 5 度。

(4)臭和味 纯净的水没有异臭。人畜粪便、工业废水污染的水以及大量藻类死亡的水和含硫地层的地下水都可产生异臭。水中溶解的各种盐类和杂质,可产生异味,如铁盐带涩味、硫酸镁带苦味等。臭的强度一般分 5 级,测定时还需要记录臭的性质,如鱼腥臭、泥土臭、腐烂臭等。

清洁的水应适口而无味。当水受到生活污水或工业废水污染或水中溶有地层中的各种盐类时,可能产生各种异味。一般经煮沸后用味觉来体会和描述,分 6 级。我国规定,饮用水不得有异味。

(5)肉眼可见物 指水中含有肉眼可见的微小生物和悬浮颗粒,是水质不清洁的标志。

2.化学指标

化学指标比较复杂,有较多的评价指标,均可以阐明水的化学性质遭到污染的程度。

(1)pH 天然水的 pH 一般为 7.2～8.5。当水质出现过酸、过碱时,表示水有受到污染的可能。水的 pH 过高,将会引起水中溶解盐类析出,从而恶化水的感官性状,降低氯化消毒效果;若水的 pH 过低,会加强水对金属(铁、铅、铝)的溶解,有较大的腐蚀作用。我国规定饮用水的 pH 为 6.8～8.5。

(2)硬度 指溶于水中的钙、镁等盐类的含量。一般分为碳酸盐硬度(重碳酸盐和碳酸相加)和非碳酸盐硬度(碳酸盐和氯化物)。硬度也可分为暂时硬度和永久硬度。暂时硬度是指把水煮沸后可去除的硬度。

当 1 L 水中的钙和镁等离子的总含量相当于 10 mg 氧化钙时,称为 1 度,水的硬度低于 8 度为软水;8～16 度为中等硬水;17～30 度为硬水。地下水硬度一般比地表水高,有机物或工业废水污染会使水的硬度突然变化。水的硬度对人畜并无直接影响,但对长期习惯饮软水的人畜,临时改饮硬水则会引起胃肠功能紊乱,经过一段时间后才能逐渐适应。我国规定饮用水硬度不超过 25 度。

(3)氯化物 水体中的氯化物含量相当稳定,主要来自含氯化物的地层、生活污水和工业废水的污染等,其含量突然增加时,表明水有被污染的可能,若水中氮化物含量也同时增加,说明是受到粪便的污染。饮用水中氯化物含量过高会使水带咸味并影响胃液的分泌。一般认为在饮用水中氯化物的含量不超过 200 mg/L。

(4)硫酸盐 天然水中都含硫酸盐,多以硫酸镁的形式存在。当水中的硫酸盐的含量突然增加时,表明水可能被生活污水、工业污水或硫酸镁等污染。一般认为饮用水中硫酸盐以不超过 250 mg/L 为宜,超过 400 mg/L 时,水有苦味,易引起胃肠功能紊乱。

(5)含氮化合物　当天然水被人畜粪便污染时,含氮的有机物在水中微生物的分解作用下,逐渐变为简单的化合物。氨是无氧分解时的最终产物。若有氧气存在,氨进一步被转化为亚硝酸盐、硝酸盐,称为"三氮"。"三氮"的产生使水中的有机物减少,病原微生物逐渐消亡。

①氨。动物性有机物中氨含量一般较高,若水中氨含量增高,极有可能存在人畜粪便的污染,污染的时间还不太久。但流经沼泽地或泥炭地的水,可因植物性有机物的分解而氨含量增加;铁含量高的地下水中硝酸盐和低价铁反应也可能还原生成氨,在卫生学上意义不大。工业废水和农田氮肥也可能使氨增加。因此,发现水中氨含量增加时,应判明其来源。一般水中氨含量不应超过 0.05 mg/L。

②亚硝酸盐。水中的氨在有氧条件下,经亚硝酸菌的作用分解产生亚硝酸盐。若水中含量过多,表明有机物分解过程还在继续进行,污染的危险依然存在。但在雷雨天,水中会产生一定量的亚硝酸盐,沼泽水、深层地下水的硝酸盐可还原为亚硝酸盐,这两种情况与污染无关。良好的饮用水不应含有亚硝酸盐或仅有痕迹量(0.002 mg/L)。

③硝酸盐。是含氮有机物分解的最终产物。若水体中仅有硝酸盐含量增高,说明污染时间已久,自净已结束,或表示这些硝酸盐可能来自地层而非污染。水中硝酸盐含量过高时(20～30 mg/L 及以上),对机体发生毒害作用,引起畜禽高铁血红蛋白症。一般认为在生活饮用水中硝酸盐的含量不应超过 10 mg/L。

在实践中,水体中"三氮"增加时,除应排除与人畜粪便无关的来源外,还须根据水中"三氮"的变化规律综合分析。通过"三氮"在水中分别出现、动态变化分析,可帮助了解水体的污染与自净情况。

(6)溶解氧(DO)　空气中的氧溶解在水中称为溶解氧。水中的溶解氧含量与空气中氧的分压和水温有关。正常时,清洁的地表水溶解氧都接近饱和,当水被有机物污染后,有机物氧化分解消耗水中的溶解氧,厌氧分解会使水质恶化、发臭。因此,溶解氧含量可作为判断水体是否被有机物污染的间接指标。

(7)生化需氧量(BOD)　指水中有机物在好氧性细菌作用下分解所消耗的溶氧量。水中有机物含量越多,水的生化需氧量就越高,而水体所含微生物及病原菌也越多。因此,它可作为评定有机物污染和细菌污染的间接指标。但有机物生化需氧过程很复杂,这一过程要全部完成的话,需要时间较长。通常用"5 日生化需氧量"(BOD$_5$)来表示,即 20℃时培养 5 d,1 L 水中溶解氧减少的量(mg/L)来表示。清洁的江河水 BOD$_5$ 一般不超过 2 mg/L。

(8)化学耗氧量(COD)　指在一定条件下,以强氧化剂如高锰酸钾、重铬酸钾等氧化水中的有机物所消耗氧的量。化学耗氧量是水中有机物含量的一种间接指标,代表水中可被氧化的有机物和还原性无机物的含量。

(9)总需氧量(TOD)　指 1 L 水中还原性物质(有机物和无机物)在一定条件下氧化时所消耗氧的量。总需氧量是评价水体被污染程度的一个重要指标,其数值越大,污染越严重。但因还原性物质中包括无机物,在应用上有一定的局限性。

(10)总有机碳量(TOC)　指水中全部有机物的含碳量,它只能相对表示水中有机物的含量,单位为 mg/L。总有机碳量是评价水体有机污染程度的综合指标之一,不能说明有机污染的性质。TOD、TOC 的检测有可能取代生化需氧量的测定,实现对水体有机物含量测定的快速自动化。

（11）铁　对人畜并无毒害，但含量达 1 mg/L 时，有明显的金属味且色度增大，影响水的感官性状，并使衣物或器皿等着色，乳制品产生不良气味，干酪产生锈斑等。饮用水中铁的含量不得超过 0.3 mg/L。

（12）锰　来自工业水和自然界，微量的锰可使水呈现颜色，影响水味，多出现"黑水"。锰在水中不易氧化，难以排除。饮用水中锰的含量不得超过 0.1 mg/L。

（13）铜　随工业废水进入水体，含量达 1.5 mg/L 时，有明显的金属味，可使衣物、器皿着色。人长期摄入 100 mg/d 的铜可引起肝硬化。我国规定，饮用水中铜的含量不得超过 1 mg/L。

（14）锌　水中锌的含量达 10 mg/L，水质浑浊；超过 5 mg/L 时出现金属异味。饮用水中锌的含量不得超过 1 mg/L。

（15）挥发性酚类　主要来自工业污染。其本身毒性并不大，但可使水带异臭。当氯化消毒时，挥发性酚类与其反应形成铝酚，气味更臭。我国规定，饮用水中挥发性酚类的含量不得超过 0.002 mg/L。

3.毒理学指标

毒理学指标指水质标准中所规定的某些毒物的含量超过标准，便会直接危害动物机体，引起中毒的评价指标。它们是水体受到某些工业废水污染的直接证据。

（1）氟化物　水中氟化物的含量低于 0.5 m/L 时，引起龋齿；超过 1.5 mg/L 时，引起中毒。饮水中氟化物的适宜含量为 0.5～1 mg/L。地表水高氟主要是各种含氟工业（硝酸厂、炼铝厂、玻璃厂）废水污染的结果。

（2）氰化物　主要来自各种工业（炼焦、电镀、选矿等）废水污染。长期饮用氰化物较高的水会引起慢性中毒，表现为甲状腺功能低下的一系列症状。饮用水中氰化物的含量不得超过0.05 mg/L。

（3）砷　天然水中微量的砷对动物机体无害，含量较高时有剧毒。主要来源于工业污染或含砷高的地层。饮用水中砷的含量不得超过 0.04 mg/L。

（4）硒　水中硒的含量与土壤有关，饮用水中硒的含量不得超过 0.05 mg/L。

（5）汞　水中汞主要来自工业废水（如电解、涂料、农药、造纸、医药、冶金等）。在水体中汞能迅速沉积于底泥，水暂时净化，底泥泛起则二次污染水体。底泥中的无机汞经厌氧生物的甲基化作用，可转化为毒性更强的甲基汞，甲基汞部分溶于水，再经生物富集，最后通过食物链对人和动物带来更大的危害。饮用水中汞的含量不得超过 0.001 mg/L。

（6）镉　主要来源于锌矿和镀镉废水的污染。当水中镉的含量达 0.035～0.26 mg/L 时，长期饮水会危害畜禽的健康和生产力。饮用水中镉的含量不得超过 0.01 mg/L。

（7）铬　主要来源于电镀、印染、制革等工业废水污染。6 价铬比 3 价铬毒性高 100 多倍。铬有使人畜中毒和致癌作用。按 6 价铬计，饮用水中铬的含量不得超过 0.05 mg/L。

（8）铅　主要来自含铅工业废水（铅蓄电池厂、印刷厂、颜料厂）污染。水中铅的含量超过 0.1 mg/L 时，可引起慢性铅中毒。饮用水中铅的含量不得超过 0.1 mg/L。

4.细菌学指标

细菌学指标是直接检查水中各种病原体含量的评价指标，其方法复杂，时间较长，即使得到阴性结果，也不能保证水质绝对安全。可检验水中的细菌总数和大肠杆菌总数，来间接判断水质受到人畜粪便等的污染程度。

（1）细菌总数　指 1 mL 水在普通琼脂培养基中，于 37℃，经 24 h 培养后，所生长的各种细菌菌落总数。其值越大,水被污染和有病原菌的可能性也越大。它只能相对地评价水质是否被污染和污染程度,再结合水质理化分析结果,才能正确而客观地判断水质。饮用水中细菌总数不得超过100个/mL。

(2)大肠菌群　水中大肠菌群的量,一般有2种表示方法:①大肠菌群指数:1 L水中所含大肠菌群的数目。②大肠菌群值:水中发现1个大肠菌群的最小容积(mL)。二者互为倒数。饮水中大肠菌群指数不得超过3个/L。

(3)游离性余氯　饮用水氯化消毒时,除水中细菌及各种杂质所消耗掉一定量的氯外,消毒后的水中还剩余部分游离性的氯,以保持继续消毒效果。饮用水中有余氯说明消毒可靠,是评价消毒效果的一项指标。我国规定,在氯与水接触30 min后,游离性余氯含量不应低于0.3 mg/L;自来水管网末梢处的水,余氯含量不低于0.05 mg/L。

四、饮用水的净化与消毒

地表水一般比较浑浊,细菌的含量较多,必须采用普通净水法(混凝沉淀及沙滤)和消毒法来改善水质。地下水较为清洁,一般只需要消毒处理。有时水源水质较特殊,则应采取特殊处理法。

(一)水的净化

1.自然沉淀

当水流减慢或静止时,水中原有的悬浮物可借助本身重力作用逐渐向水底下沉,使水澄清,称为自然沉淀。自然沉淀一般在专门的沉淀池中进行,需要一定时间。

2.混凝沉淀

混凝沉淀指在水中加入混凝剂,使水中极小的悬浮物及胶体微粒凝聚成絮状物从而加快沉降。常用的混凝剂有铝盐(明矾、硫酸铝等)和铁盐(硫酸亚铁、三氯化铁等)。它们与水中原有钙和镁的重碳酸盐作用,形成带正电荷的氢氧化铝和氢氧化铁胶体,吸附水中带负电荷的微粒,从而形成逐渐加大的絮状物以加快沉降。其效果与水温、pH、浑浊度及不同的混凝剂有关。普通河水用明矾时,其含量要达到40~60 mg/L。

3.过滤

将水通过一定的滤料得到净化的过程,称为过滤。其原理:①阻隔作用。水中悬浮物的微粒大于滤料的空隙,不能通过滤层而被阻隔;②沉淀和吸收。小于滤料孔隙的细菌、胶体粒子等通过滤层时,沉淀在滤料表面形成生物膜,可吸附水中的微小粒子和病原体。常用的滤料为滤沙。若用矿渣、煤渣则应不含对动物机体有害的物质。沙滤的效果取决于滤池构造、滤料粒径的适当组合、滤层厚度、过滤速度、水的浑浊度和滤池管理等因素。

集中式给水的过滤,一般可分为快砂过滤池和慢砂过滤池。目前,大部分自来水厂采用前者;简易自来水厂多采用后者;分散式给水的过滤,可在河、湖或塘岸边挖渗滤井,水经地层的自然过滤,进而改善水质。在水源和渗滤井间挖一条沙滤沟,或建造水边沙滤井,能更好地改善水质。

(二)饮用水的消毒

水经过混凝沉淀和沙滤处理后,细菌含量已大大减少,但病原菌还有存在的可能。为确保饮水安全,必须再经消毒处理。应用最广泛的是氯化消毒法,其特点是杀菌力强、设备简单、使用方便、费用低。

1. 消毒剂

常用的氯化消毒剂有液态氯、漂白粉和漂白精等。液态氯主要用于集中式给水的加氯消毒,小型水厂和一般分散式给水多用漂白粉和漂白精。漂白粉的杀菌力取决于其有效氯含量,新制的漂白粉有效氯含量为 $25\%\sim35\%$,其性质不稳定,易失效,应密封、避光,于阴暗干燥处保存。漂白精有效氯含量为 $60\%\sim70\%$,性质稳定,多制成片剂使用。

2. 消毒原理

氯在水中形成次氯酸及次氯酸根,与水中细菌接触时,易扩散进入细胞膜,与细菌体内的酶系统起化学反应,破坏其含巯基酶的活性,使细菌糖代谢失调而死亡。

3. 影响氯消毒效果的因素

(1)消毒剂用量和接触时间 消毒剂的用量除应满足在消毒剂接触时间内与水中各种物质作用所需要的有效氯外,还要在消毒后的水中保持一定的余氯。但余氯过多会使水的氯味太大而不宜饮用,一般余氯含量为 $0.2\sim0.4$ mg/L。使用前要进行加氯量测定,一般经沙滤的地表水或普通地下水加氯量(按有效氯计)为 $1\sim2$ mg/L,接触时间为 30 min。

(2)水的 pH 可影响次氯酸的浓度,pH 低时,主要以次氯酸形式存在;pH 升高时,次氯酸可分解成次氯酸根。次氯酸的杀菌效果可超过次氯酸根 $80\sim100$ 倍。水的 pH 以不超过 7 为宜。

(3)水温 水温高时杀菌效果好,水温低时则相反。冬季加氯量应适当增加,接触时间要长些。

(4)水的浑浊度 浑浊度高的水杀菌效果差,故浑浊度高的水应先经过沉淀或消毒处理。

4. 消毒方法

根据水源和不同的给水方法,消毒方法多种多样。以下介绍分散式给水的消毒方法。

(1)常量氯化消毒法 井水消毒是直接在井水中按井水量加入消毒剂。泉、河、塘、湖水则需要将水取至容器(如缸)或池中消毒。步骤为:计算井水的水量→加氯量→应加漂白粉量。将称好的漂白粉置于碗中,加少量水调成糊状,再加少量水稀释,静置,取上清液倒入井中,用清洁竹竿或水桶搅动井水,充分混匀,30 min 后取水样测定,余氯为 $0.2\sim0.3$ mg/L 即可取用,并根据用水量大小决定消毒次数。最好每天消毒 2 次(早晨和午后取水前各 1 次),如果用水量大,水质较差,酌情增加消毒次数。

少量消毒时,可将泉、河、塘和湖水置于容器中,若水质浑浊,应先沉淀或过滤后再消毒。将漂白粉配成 3% 的消毒液(约含有效氯 10 mg/L),每 50 kg 水加消毒液 10 mL,经 30 min 接触后即可取用。若使用漂白精片,则按每 100 L 水加 1 片(含有效氯 200 mg)即可。

(2)持续氯消毒法 在水井或容器中放置装有漂白粉(精)的容器(塑料袋、竹筒、陶瓷罐或广口瓶等),消毒剂通过容器上的小孔不断扩散到水中,使水经常保持一定的有效氯含量。加药量可为正常的 $20\sim30$ 倍,一次放入,可持续消毒 $10\sim20$ d,但应经常检查水中的余氯含量。

(3)过量氯化消毒法 一次加入常量氯化消毒法的加氯量的 10 倍($10\sim20$ mg/L)进行饮水消毒。主要用于新井或旧井修理和淘洗。井被洪水淹没或落入污染物,以及该地区发生水介传染病等也适用该法。一般投入消毒剂 $10\sim12$ h 后再用水。若氯味过大,可汲取旧水不断涌出新水,直至氯味消失即可饮用。也可在水中按 1 mg 余氯加入 3.5 mg 硫代硫酸钠脱氯后再取用。

五、水的特殊处理法

铁、氟含量过高的水源,硬度过大或有异味、异臭,必要时应采取水的特殊处理法。

1. 除铁

水中溶解性的铁盐,常以重碳酸亚铁、硫酸亚铁、氯化亚铁等形式存在,有时为有机胶体化合物(腐殖酸铁)。重碳酸亚铁可用曝气法,使其成为不溶解的氢氧化铁;硫酸亚铁、氯化亚铁可加入石灰,生成氢氧化铁,经沉淀过滤后去除;有机胶体化合物可用硫酸铝或聚羟基氯化铝等混凝剂进行去除。

2. 除氟

在水中加入硫酸铝(去除 1 mg/L 氟离子,需加 100~200 mg/L)或碱式氯化铝(1 L 水中加入约 0.5 mg),经搅拌、沉淀后除氟。有过滤池的水厂,可用活性氧化铝法除氟。

3. 软化

水质硬度超过 250~400 mg/L 时,可将石灰、碳酸钠、氢氧化钠等加入水中,使钙、镁等化合物沉淀后去除,也可采用电渗析法、离子交换法等进行软化。

4. 除臭

用活性炭粉末作滤料将水过滤除臭;或在水中加活性炭后混合沉淀,再经沙滤除臭;也可用大量的氯除臭。地表水中藻类繁殖发臭,可在水中投入硫酸铜(1 mg/L 以下)灭藻。

项目小结

本项目主要讲述了水源的种类、水体污染物的种类及危害、水体的自净概念及作用;介绍了饮用水的卫生要求及畜禽场的用水量;重点讲述了饮用水的感官性状指标和化学指标。要求学生了解水源的种类、水体污染物的种类及危害,熟悉水体的自净作用,掌握饮用水的感官性状指标和检查水体"三氮"的意义。本项目还讲述了饮用水卫生评价指标、氯化消毒剂的种类和消毒原理、影响氯化消毒效果的因素及消毒方法等。要求学生理解 DO、BOD_5、COD 的含义;了解饮用水的毒理学指标、细菌学指标和水的特殊处理法;掌握水的净化、氯化消毒原理、影响氯化消毒效果的因素及消毒方法。

学习思考

1. 能被利用的淡水水源有哪几种?

2. 常见的水体污染物主要有哪些?

3. 水体的自净作用表现在哪些方面?

4. 饮用水的感官性状指标包括哪些?

5. 如何根据水体的"三氮"的动态变化判断水体的污染与自净情况?

项目三　土壤环境管理与污染控制

【项目导入】

　　土壤是畜禽的基本外界环境之一,土壤的质地影响畜禽场和畜禽舍小气候。土壤化学组成影响地下水、地表水的水质以及植物的化学成分组成与品质,从而间接影响畜禽的健康和生产力。土壤被有毒物质污染,也会引起某些疾病。土壤还是某些病原微生物和寄生虫的繁殖场所,它们可以污染水和饲料,引起某些传染病和蠕虫病的传播与流行。

【知识储备】

一、土壤质地、化学组成及卫生学意义

1.土壤质地及卫生学意义

　　土壤是由土壤颗粒和颗粒间的空隙组成的。土壤含有粗细不同的矿物质颗粒,简称土粒。一般可分为石砾、沙砾、粉沙粒和黏粒4种级别。土壤根据各种粒径土粒所占的比例分为沙土、黏土和壤土三大类,质地不同,其物理特性如透气性、透水性、吸湿性、毛细管作用、热容量和导热性等差别很大。

　　(1)沙土　颗粒粗,透气、透水性强,容水量、吸湿性小,毛细管作用弱,不易滞水,易干燥,有利于有机物分解。但热容量小,导热性强,土温不稳定,昼夜温差大,易随季节气温而变化,对畜禽不利。

　　(2)黏土　颗粒细,颗粒间隙很小,透气、透水性弱,容水量、吸湿性强,易潮湿、泥泞。在多雨地区或季节,黏土吸潮,易使畜禽场和畜禽舍内空气湿度过高,黏土透气性差,其中好气性微生物活动受抑制,有机物分解慢,自净能力差。黏土湿胀干缩还易导致建筑物基础损坏。

　　(3)壤土　是一种介于沙土和黏土之间的土壤质地类型。透水、透气良好,持水性小,易保持干燥,自净能力强,土温较稳定,膨胀性小。对于畜禽健康、卫生防疫、饲养管理及作为畜禽舍地基都较为有利。

2.土壤化学组成与畜禽健康

　　土壤化学成分较为复杂,所含元素很多。与畜禽关系最密切的化学元素有钙、磷、钾、钠、镁、硫等常量元素,还有碘、氟、钴、铜、锰、锌、钼、硒、硼、锶、镍等微量元素。

　　畜禽机体所必需的各种元素主要从饲料和饮用水中获得,而这些元素又主要来自土壤。在一定地区内,由土壤中某中矿物质元素的天然含量异常(过剩、不足或比例失当)引起的动植物疾病,称为生物地球化学性地方病。例如,缺钙土壤上生长的植物含钙量也低,饲喂缺钙饲料会引起笼养母鸡蛋壳粗糙、脆弱易破,产蛋量和孵化率降低,翅骨易折断等;缺镁时,畜禽物质代谢紊乱、嗜异,甚至出现痉挛症;缺钾或钠时,畜禽食欲不振,消化不良,生长发育受阻。一般土壤中常量元素的含量较丰富,大多数能通过饲料满足畜禽的需要。但畜禽对某些元素的需要较多(如钙),或在植物性饲料中含量较低(如钠)时,应注意在日粮中补充。

　　黏土的微量元素含量一般高于沙土。有机物对微量元素有络合作用,富含腐殖质的土壤

有利于许多微量元素的存在。气候因素也影响微量元素的分布:潮湿多雨的山岳地区,土壤淋溶现象明显,易溶性高的元素,如碘异常缺乏,家畜常出现甲状腺肿大;气候炎热干燥的荒漠土、灰钙土、盐碱土等,氟、硒等过剩,家畜常表现氟骨症、硒中毒;潮湿的土壤有利于三叶草对钴的吸收,且土壤的含水量与气候因素有关,因此,有些地区的牛、羊钴缺乏症的发病率有季节性变化。另外,如锰、钼、硼、锶、镍等,当土壤中含量异常时,都能引起动物发生一系列特异的生理和病理变化。

3.土壤中的微生物与畜禽健康

土壤具有微生物生长与繁殖所需要的养料、水分、空气和温度条件,它是自然界微生物生活的良好环境。土壤微生物种类繁多,有的将蛋白质分解为蛋白胨或产生硫化氢及氨;有的能使碳水化合物发酵及氧化生成脂肪和有机酸;有的能分解纤维素;等等。

土壤中的微生物经常进行一系列的生物化学过程,一方面分解人和动物尸体、排泄物及植物残骸,使其成为简单的化合物;另一方面又合成供植物利用的新养料,这对自然界的物质循环、土壤肥力的增加及有机物在土壤中的净化作用有着重要意义。

土壤中存在着微生物之间的生存竞争,其中富含有机质或被污染的土壤,或抗逆性较强的病原菌都可能长期生存下来。如破伤风杆菌和炭疽杆菌在土壤中可存活16~17年以上,霍乱杆菌可生存9个月,沙门氏杆菌可存活12个月。土壤中非固有的病原菌如伤寒菌、痢疾菌等在干燥处可生存2周,在潮湿处可存活2~5个月。在冻土地带,细菌可长期生存,能形成芽孢的病原菌存活的时间更长,如炭疽芽孢可存活数十年。人畜粪尿、尸体等污染,各种致病寄生虫的幼虫和卵,如蛔虫、钩虫和阿米巴原虫等,在土壤中有较强的抵抗力,其常成为畜禽寄生虫病的传染源。

二、土壤自净与污染

1.土壤自净

进入土壤的污染物,能与土壤中的物质和生物发生极其复杂的理化吸附作用、化学结合和沉淀作用、生物吸收代谢作用以及各种微生物的破坏和降解作用,经过一定时间后,废弃物中的有机物不断被分解,病原微生物和虫卵逐渐死亡,有毒物质逐渐被转化而消除或降低其活性和毒性,称为土壤自净。

2.土壤污染的特点

(1)土壤污染影响的间接性　土壤污染后主要通过饲料、地下水(或地表水)对畜禽机体产生影响。常通过检查饲料和水体被污染的情况来判断土壤污染的程度。从土壤开始被污染到产生后果,是一个很长的、间接的、逐步积累的隐蔽过程,不易被发现。

(2)土壤污染转化的复杂性　污染物进入土壤后,其转化过程比较复杂。如有毒重金属进入土壤后,有的被吸附,有的变为难溶盐类而在土壤中长期保留,当土壤理化性质改变时,又会发生新的变化。

(3)土壤污染的长期性　土壤一旦被污染,很难消除,其影响是长期的,特别是有机氯农药、有毒重金属及某些病原微生物等的污染。

(4)土壤污染与水体、大气污染的相关性　土壤污染会引起大气、水体污染,而水体、大气的污染又反过来加剧土壤污染。因此,防止土壤污染是环境保护工作的一个重要环节。

3．土壤污染的途径及危害

（1）工业废气和汽车废气污染　排入大气的工业废气和烟尘中含有许多有毒物质，它们受重力作用或随降雨落入土壤，造成土壤污染。有时还形成酸雨，酸化土壤，使有害金属元素（镉、锌、铅等）活性提高，加重有害金属元素危害。

例如，氟随大型的冶炼厂、化肥厂等的废气排放到大气中，污染区的农作物、牧草可从大气和土壤中吸附或吸收氟，并在植物体内积聚和富集，这种植物被畜禽采食后，会引起中毒。有色金属冶炼厂附近的土壤中，铅、铜、锌等含量高，生长在其上的植物体内含量也相应升高。公路两旁土壤中，铅的含量较高，其由汽车尾气中排出。牛采食交通流量大的公路旁边的草，可能引起铅中毒。铅对动物有致畸、致癌、致突变作用。

（2）农药与化肥污染　化学农药中含有毒物质，如含汞、砷、铅等农药，含氟化物的农药和某些特异性除草剂。其中对土壤和植物污染较大的农药是有机氯农药，为神经和实质脏器毒物。有机氯农药污染土壤后在植物体内蓄积，又经畜禽采食进入畜禽体内，长期蓄积于中枢神经系统和脂肪组织中。有机氯农药中毒时，畜禽中枢神经应激显著增加，可影响细胞的氧化磷酸化过程，引起肝脏等营养失调，发生变形乃至坏死。慢性中毒还可使家畜生殖机能受影响，受胎率下降，胚胎发育不良；家禽蛋壳变薄、易碎，孵化率下降，发育停滞等。有机氯化合物是"三致"物质，它在畜禽产品如乳、蛋内残留，通过食物链危害人类健康。

滥用化肥对土壤的污染，主要表现是硝酸盐等积累过多，并使饲料中的硝酸盐含量增高，这类饲料被畜禽采食后，在胃中硝酸盐还原为亚硝酸盐，引起畜禽中毒。粗制磷肥中常含有过多的氟化物。有些污泥含有较多的有害金属。

（3）污水灌溉污染　用生活、畜产等污水灌溉农田，可提高肥力。但污水含有许多有毒物质，如重金属、酚类、氰化物、其他有机化合物和无机化合物以及病原菌。尤其是重金属，在土壤中移动小，难以转化，残留性强，主要集中在土壤表层，易被作物吸收，进而危害人畜健康。其中镉污染最为严重。

土壤中的镉主要来自大气和水体污染。土壤对镉有很强的吸附力，特别是黏土和富含有机质的土壤。植物对镉有特殊的吸收和富集作用，并通过食物链进入人畜体内，分布全身各器官，造成肝、肾、肺、骨骼、睾丸等器官的损害，其中以肾的损害最为明显。镉还能破坏血红细胞并缩短寿命，是"三致"物质。

（4）畜产废弃物及生活废弃物污染　人畜生活产生的垃圾、粪便、污水等含有大量的有机物及有毒有害物质。其中的病原微生物和寄生虫卵对土壤污染最严重，它们有很多种类能长期生活在土壤中，并可保持和扩大传染性。畜禽场应对畜禽废弃物进行处理，如将粪液贮存2～4周后，病原微生物的数量可大大减少。粪液施于牧草上，经4周后才能放牧。对于口蹄疫、猪水泡病等病毒的粪便，要经过较长时间的腐熟、堆沤再施到畜禽接触不到的土地中去，或深埋处理。

（5）放射性物质污染　其来源有核爆炸以及生产、利用放射性物质时的产物和排出物，有些在土壤中长期残留和污染。该类土壤所生产的饲料和牧草可蓄积和含有放射性物质，畜禽采食后会受到危害。如引起突变，导致癌症，破坏腺体，加速死亡。放射性物质可在畜禽产品中残留，通过食物链危害人类。

三、土壤污染的防治

1. 控制和消除土壤污染源

(1)控制和消除工业"三废"的排放　要通过大力推广闭路循环,无毒工艺对"三废"进行回收,化害为利。不能综合利用的"三废"要进行净化处理,重金属污染物原则上不准排放。

(2)加强污灌区的监测和管理　对污灌区加强监测,控制污灌的量,避免盲目污灌。

(3)开展农药污染的综合防治　包括以下3点防治方法。

①农业上的综合防治。因地制宜、科学合理地运用化学、生物、物理等防治手段,充分利用植物检疫的有效措施,安全、经济、有效地控制病虫、杂草为害。

②施药的安全期。最后一次施药到作物收获之间的最低限度的间隔天数,称为安全施药间隔期。收获时,作物上的药效消失,残留量降低到允许量以下,不致危害人畜健康。

③积极发展高效、低毒、低残留的农药新品种。这是农药工业发展的基本方向。目前,仍在使用的高毒、高残留的农药,应严格控制其使用范围、使用量和次数,并改进施药技术。

(4)合理施用化肥　根据土壤条件、作物的营养特点、肥料本身的性质及在土壤中的转化,确定化肥施用的最佳标准、施用期限和施用方法等。

2. 治理土壤污染的措施

(1)生物防治　土壤污染物可通过生物降解或植物吸收而被净化。如利用蚯蚓改良土壤和降解垃圾废弃物。日本研究了利用某些吸收重金属能力强的非食用植物来消除土壤中的重金属。

(2)施加抑制剂　对轻度污染的土壤,施加抑制剂可改变污染物在土壤中的迁移转化方向。该法可促使毒物移动,将毒物淋洗或转化为难溶物质,以减少被作物吸收的机会。一般使用的抑制剂有石灰和碱性磷酸盐,石灰可提高土壤 pH,使镉、钼、锌、汞等形成氢氧化物而沉淀;碱性磷酸盐与镉、汞作用生成磷酸镉、磷酸汞沉淀,溶解度小。

(3)增施有机肥　可提高土壤肥力,创造和改善土壤微生物的活动条件,增加生物降解速度。有机物还能促进镉形成硫化镉沉淀。

(4)加强水田管理　如淹水可明显抑制水稻对镉的吸收,放干水则相反。铜、铅、锌等均能与土壤中的硫化氢反应,产生硫化物沉淀。

(5)改变耕作制度　据苏北棉田旱改水试验,仅一年时间,土壤中残留的 DDT 基本消失。作物轮作,创造病原菌的敌对环境,使有害病毒、细菌不能适应以及缺乏寄主作物,从而不能存活或逐渐消失。

(6)客土、深翻　被重金属或难分解的化学农药严重污染的土壤,面积不大时,可采取客土法。但对换出的土必须进行妥善处理。此外,也可将污染土壤翻到下层,埋藏深度应根据不同作物根系发育情况而定。

 项目小结

本项目讲述了生物地球化学性地方病,土壤的质地及卫生学意义,土壤的化学组成、微生物与畜禽健康以及土壤自净的相关知识等;重点讲述了土壤污染的特点、污染的途径和危害、土壤污染的综合防治措施。要求学生熟悉生物地球化学性地方病和土壤的质地及卫生学意义,了解土壤的化学组成、微生物与畜禽健康以及土壤污染途径和危害的相关知识,掌握土壤自净的相关知识、土壤污染的特点及土壤污染的综合防治措施。

 学习思考

1.简述土壤的质地及卫生学意义。

2.简述土壤污染的特点。

3.土壤污染的途径有哪些?

4.控制和消除土壤污染的措施有哪些?

5.治理土壤污染的措施有哪些?

畜禽场环境保护与卫生监测

【情境导入】

【情境导入】

在畜禽生产以农户小规模饲养为主的时期,粗放散养的小规模畜禽场饲养畜禽数量不多,其粪尿大多数用作肥料就地施用,对周围环境污染不大。集约化、工厂化、规模化的畜禽生产一方面大幅度地提高畜禽生产水平,增加畜禽产品的数量;另一方面产生大量畜禽粪尿、污水等废弃物,不仅给畜禽的环境控制与改善以及畜禽疫病的预防带来新的困难,而且这些废弃物若不经处理,还会危害畜禽健康,污染周围环境,形成畜产公害。此外,工农业生产的迅速发展,人们衣食住行产生的大量废气、废水、废渣,以及化肥和农药的广泛使用,使环境中有毒有害物质增加,进一步污染空气、土壤、水源等。这些污染物有可能通过食物链对人畜健康构成潜在的危害。畜禽产业环境保护应包括 2 个方面内容:一是防止畜禽场产生的废水、废气和粪便等对周围环境产生污染;二是避免周围环境污染物对畜禽生产造成危害,以保证畜禽健康和畜禽生产的顺利进行。

项目一 环境污染的原因及其危害

【项目导入】

自然界各种环境因素之间以及环境因素与畜禽之间具有互相联系、互相依存、互相制约的关系,它们之间保持着一种相对的动态平衡,各因素在不断循环过程中得到更新和净化。渗入到这个生态系统中的一些有毒有害物质,若数量不多,即使造成轻度污染,也可以通过物理、化学和生物的作用降低浓度或完全消除,不致对人畜造成危害。只有当这些有毒有害物质数量增加到一定程度时,即超过了环境自净能力时,才会破坏生态平衡,使环境受到污染。

【知识储备】

环境污染是指自然环境诸要素(空气、土壤、水体等)受到人类生产、生活所产生的污染物或来自自然界的污染物的污染,达到一定程度并超出自然界的自净能力,对人畜和其他生物产生不良影响的现象。畜禽生活在各种环境中,故其受环境因素综合作用的影响,同时,畜禽的生活又影响其所生存的环境。

一、畜禽场对环境污染

1.畜牧业经营方式及饲养规模的转变

20 世纪 80 年代以前,我国畜牧业多为分散经营,或者在农村中仅作为一种副业进行生产,畜禽数量不多,规模小,畜禽粪便可作肥料及时就地处理,恶臭物质很快自然扩散,对环境的污染不严重。近二三十年来,我国畜牧业逐渐由农村的副业发展成独立的产业,规模由小变大,经营方式由分散到集中,饲养管理方式向高密度、集约化、机械化和工厂化方向转变,随之粪便、污水和恶臭物质的量大大增加,单位土地面积上的载畜量增大,废弃物产量超过了农田的消纳量。这些废弃物若不及时地处理,任意排放或施用不当,就会污染周围空气、土壤和水源等,形成畜产公害,威胁人畜健康。

据上海市调查和估算,1988 年全郊区畜禽粪便流失量为 20%以上,超过了 82 万 t;尿流失量为 60%左右,约为 170 万 t;污水流失量为 80%以上,达 500 万 t,造成严重的环境污染。畜禽粪便污染增加疾病传播的机会,降低畜禽对疾病的抵抗力,造成畜禽疾病的蔓延,导致畜群死亡率上升,种蛋产量和孵化率下降。北京市畜牧局对下属六大鸡场鸡死亡原因进行调查的结果表明,由于舍内积肥和清扫后对畜禽粪便不做无公害处理,肠道传染病的病原如沙门氏菌和大肠杆菌等在环境中扩散,鸡发病率和死亡率显著提高。其中,因鸡痢死亡的占37.08%,因马立克氏病死亡率的占 20.8%,因大肠杆菌病死亡的占 10.47%,因法氏囊病死亡的占13.65%。

2.畜禽场由农区、牧区转向城镇郊区

过去各国的畜牧业多依赖于农业,就近取得农副产品或牧草作为饲料、饲草。因而,畜禽场多设在农区和牧区。随着工业化和城镇化的发展,城镇与工矿区人口大量集中,对产品的需求量显著增多,为便于采购饲料原料以及对畜禽产品进行加工和就地销售,畜禽场大多数设在城市近郊。一方面农牧生产脱节,粪尿不能及时施于农田;另一方面畜禽场与居民点过于接近,畜牧业产生的恶臭与噪声,对人类生活环境造成不良影响。

2000 年 11 月至 2001 年 5 月,原国家环境保护总局(现环境保护部)对全国 23 个省规模化畜禽养殖污染情况调查发现,一些养殖场由于多种原因建在城区上风向或靠近居民区,有1 476 个畜禽养殖场距居民取水点在 50 m 以内,占调查总数的 4.3%;有 5 834 个畜禽场距周边居民和民用水源地不超过 150 m,占调查总数的 25%～45%。

3.农业生产中化学肥料使用最多

随着化学工业的发展,化学肥料的生产量越来越大,且价格越来越低,在肥效、运输、存储与使用方面都具有畜禽粪肥不可比拟的优势;相反,畜禽粪肥体积大,施用量多,装运不便,劳动成本及运输费用相对较高。这样就造成畜禽粪肥使用量减少,粪肥积压,变为废弃物,难以处理,形成畜产公害。本来畜禽的粪尿是很好的有机肥料,经过处理,将粪肥施入农田,除能供给农作物养分外,还可改良土壤的理化性质,提高土壤肥力,改善农产品品质。

在国内的农业生产中,广大农村有使用畜粪作肥料的丰富经验和传统;在国外也有利用畜禽粪便作肥料生产农产品的实例,以人口和工业化比较集中的英格兰和威尔士为例,其畜禽的粪尿和垫草,几乎全部作肥料,每年每亩平均施用 1.6～3 t,这不仅对农业生产有很大好处,而且避免了环境污染。若对畜禽粪便不进行科学处理,就会污染周围环境,形成畜产公害。

4.畜禽场污染物处理技术落后

畜禽养殖场缺乏经济有效的收集、处理、综合利用畜禽粪污的配套技术与设施,难以形成多环节链接和实现"粪便—沼气—肥料"综合效应的良性循环,造成粪尿无法被有效吸纳、降解与排放。目前,国内一些研究单位对畜禽粪污处理技术和途径进行了研究,并建立了一些示范工程,但由于存在废水处理工程投资额大及废水处理中运转费用高等问题,想要建设排污工程的养殖场不得不放弃。如果能有实用的、低成本的、处理效果好的畜禽粪污处理的综合利用技术,几乎所有的养殖场都乐于对本场的畜禽粪污进行科学合理的处理。

5.畜产品中有毒有害物质的污染

(1)兽药、饲料添加剂滥用　生产者和经营者无节制过量使用微量元素添加剂,使畜禽粪便中的锌、铜、铁、硒含量过高,对环境造成了新的污染。生产者盲目增加饲料蛋白质含量,使粪尿中氮的含量增加,对土壤、水体造成了新的污染。为预防疾病,促进动物生长,盲目使用抗生素(如四环素、土霉素、磺胺类药物等)、激素类药物(如雌激素、孕激素)、镇静剂(如氯丙嗪、安定、甲喹酮等)、激动剂(如克伦特斯罗),造成药物在粪便和尿液中残留,污染环境。

动物产品中药物残留问题是国际普遍存在的共性问题。1972 年墨西哥 1 万多人感染抗氯霉素的伤寒杆菌导致 1 400 人死亡;1992 年美国 1.33 万人死于抗生素耐药性细菌感染。1996 年 6 月比利时发现鸡脂肪和鸡蛋中有超过常规 800～1 000 倍的致癌物质——二噁英。造成畜产品中药残超标的主要原因:①不了解或不遵守国家有关禁用药物的规定;②不了解使用的饲料或饲料添加剂中含有兽药或禁用药物;③乱用滥用药物;④兽药标签或说明书指示的用法不当或未注明休药期;⑤不遵守停药期。

(2)畜禽产品中病原菌超标　1985 年世界卫生组织(WHO)统计,畜禽染疫而致人发病的病原菌达 90 余种,传染渠道主要是动物性食品,以及患病动物的粪尿、分泌物、污染的废水和饲料等。美国统计,每年约有 9 000 人死于致病性细菌。

(3)畜禽产品含有寄生虫　寄生虫是寄生于活动物体内的有害生物,原料肉中常见的寄生虫有猪囊虫、牛囊虫、旋毛虫、绦虫和血吸虫等。主要通过带病的新鲜肉类及食品的消费侵入人体。

畜禽场的环境保护,要根据国民经济计划的要求,对工农企业和畜禽场统一安排、合理布局,并使各自的废弃物就地处理。对于一个畜禽场来说,建场之初,对处理废弃物的设施要同时设计、同时施工、同时投产,避免有害物质对环境的污染。经验证明,环境污染可在较短的时间内造成,而消除这种污染需要较长的时间。已产生了严重污染再去治理,不仅要付出更大代价,有的还难以取得良好的效果。畜禽场建成后,要经常保持畜禽场内的环境整洁、空气清新、水质良好。在有条件的情况下,可对废弃物进行综合利用,以增加畜禽场的收入。在注意防止废弃物污染周围环境的同时,还应注意防止可能产生的噪声与大量滋生的蚊蝇对附近居民的危害。

二、环境对畜禽场造成的污染

畜禽场受到污染的物质主要来自工农业生产、交通运输、居民生活过程中生产的"废水""废气""废渣"(简称"三废")、农药和化肥残留物以及畜牧生产中生产的粪尿等废弃物,它们都会对空气、水、土壤以及饲料等造成污染,并由此对人畜健康、自然环境、畜牧生产等造成直接或间接的危害。

1. 大气污染及危害

大气中的污染物主要来自冶炼厂、石油化工厂的二氧化硫,炼钢厂、磷肥厂、玻璃厂的氟化物(氟化氢、四氟化硅),氮肥厂、染料厂排放的氮氧化物以及工农业生产或交通运输工具排放的碳氢化物等。

二氧化硫主要侵害呼吸系统,引起动物器官、支气管和肺部疾病。牛对二氧化硫较敏感,空气中浓度为 $30\sim100$ mg/m³,即表现呼吸困难、口吐白沫和体温升高等症状;仔猪在 300 mg/m³ 时,生长发育受阻,4 000 mg/m³ 时精神萎靡,不食不饮,很快死亡;雏鸡在 300 mg/m³ 以上时,吐黄水死亡。国外对空气二氧化硫一次量的限额为≤0.5 mg/m³。

氟化物被人畜吸收进入血液,会影响钙、磷代谢,过量的氟与钙结合形成氟化钙(CaF_2),磷由尿大量排出,使钙、磷代谢失调,引起牙齿钙化不全,釉质受损,骨骼和四肢变形。动物长期氟中毒会逐渐衰竭死亡。我国规定,居民区大气中氟化物一次量的限额为≤0.02 mg/m³。

氮氧化物主要包括一氧化二氮、一氧化氮、二氧化氮、三氧化二氮、四氧化二氮和五氧化二氮等,其中以一氧化氮和二氧化氮的污染量最常见。氮氧化物可引起慢性和急性中毒。当浓度达 $0.5\sim17$ mg/m³ 时,可引起呼吸道发炎、支气管痉挛和呼吸困难;当浓度达 $60\sim150$ mg/m³ 时,导致昏迷或死亡。我国规定,氮氧化物折算成二氧化氮的一次量的限额为≤0.15 mg/m³。

氮氢化物包括各种烷烃、烯烃、芳草烃、萘、蒽等。氮氧化物经阳光照射生产臭氧等有害物质,可刺激动物的黏膜,引起呼吸系统疾病。

2. 水体污染及危害

(1)地表水的污染 畜禽场中高浓度、未经处理的污水和固体粪污被降水淋洗冲刷进入自然水体后,水中固体悬浮物、有机物和微生物含量升高,改变了水体的物理、化学和生物群落组成,导致水质变坏。粪污中含有大量的病原微生物可通过水体或水生动植物进行扩散传播,对人畜健康造成危害。

(2)地下水的污染 将畜禽的粪便堆放或以粪肥方式施入土壤,部分氮、磷随地表水或水土流失进入江河、湖泊,污染地表水,还会渗入地下污染地下水。水中有毒有害成分进入地下水后消耗氧气,使地下水中有毒成分增多,严重时水体发黑、变臭,失去使用价值。若含病原微生物的粪便、垃圾、生活污水,以及生物制品厂、屠宰厂等生产的废水污染水源,畜禽饮用或接触后,可引起传染病的传播和流行,导致水介传染病。

3. 土壤污染物及危害

粪污未经无害化处理直接进入土壤,当排放量较少时,通过土壤的自净作用可分解污染物;排放量过多时,污染物降解不彻底或厌氧腐解,则会产生恶臭和亚硝酸盐等有害物质,引起土壤组成和性质改变,造成透水性、透气性下降甚至板结,严重影响土壤质量。土壤对各种病原微生物的自净进程较慢,常造成生物污染和疫病传播。

三、畜禽场自身的污染

(1)畜禽粪便 为畜禽场主要废弃物,畜禽粪便含有机物、矿物质、微生物、寄生虫等,如果处理得当,可作为肥料、燃料、饲料,造福人类;如果处理不当,则会严重污染环境。

(2)污水 包括生活污水,清洁畜禽舍、冲洗粪便等过程产生的污水,以及畜产品加工厂、屠宰场产生的污水。

(3)噪声 包括动物鸣叫声、机械运转声以及机动车辆行驶时产生的声音。

（4）动物尸体　主要为畜禽场内剖检或死亡畜禽的尸体以及畜禽产品加工厂排放的废弃毛（羽）、蹄角、血液和孵化厂生产的死胚及蛋壳等。

（5）畜禽场产生的废气　包括臭氧、细菌、病毒和灰尘等。畜禽场在生产过程中可向大气中排放大量的微生物（主要为细菌和病毒）、有害气体（氨和硫化氢）、灰尘和有机物，这些污染物会对周围的大气环境产生污染。如 10.8 万头的猪场，每小时向大气排放 15 亿个菌体、15.9 kg 氨、14.5 kg 硫化氢、25.9 kg 粉尘，污染半径可达 4.5～5 km。一个存栏 72 万只鸡的规模化蛋鸡场，每小时向大气排放 41.4 kg 尘埃、1 748 亿个菌体、2 087 m³ 二氧化碳、13.3 kg 氨和 2 148 kg 总有机物。畜禽场产生的恶臭气体主要成分是氨、硫化物（硫化氢、甲硫醇）、氮化物、脂肪族化合物（吲哚、丙烯醛、粪臭素等）等，目前常用氨和硫化氢浓度来表示畜禽舍的臭气含量。

以上的污染物首先对畜禽场所饲养的畜禽产生危害，一旦畜禽感染某种疾病会导致幼畜（禽）死亡率和育成死亡率升高，种畜禽死淘率增加。若畜禽场产生恶臭物质浓度过高，会刺激畜禽嗅觉神经的三叉神经，影响畜禽的呼吸机能；刺激性气味也能使畜禽血压和脉搏发生变化，有的为强毒物质，如硫化氢、氨等常引起呼吸系统疾病。

畜禽场自身污染的主要原因，除其对环境造成污染的原因之外，重点体现在饲养管理水平不良等因素，例如，未实行全进全出的饲养管理制度，饲料污染或添加剂不合理，防疫制度不规范，就地排污，消毒技术不科学等。同时，一旦畜禽场发生传染病，尽管采取有效的控制措施，但畜禽舍内外环境中的病原微生物数量仍很多，依旧能导致畜禽再次发病，使传染病进行垂直传播和水平传播。

项目小结

本项目讲述了环境污染的概念，重点讲述了畜禽场对环境产生污染的原因，还阐述了环境对畜禽场造成的污染和畜禽场的主要污染物及危害。要求学生了解污染的概念，掌握畜禽场对环境产生污染的原因，熟悉环境对畜禽场造成的污染和畜禽场的主要污染物及危害。

学习思考

1. 结合实际分析我国畜禽养殖业造成环境污染的原因有哪些？

2. 简述控制畜禽场的外界环境污染的主要途径。

3. 畜禽场自身的污染物有哪些？

项目二　环境监测与环保措施

【项目导入】

科学地对畜禽场及其周边环境进行监测与评价，对于拟建畜禽场来讲，可保证选址和布局的合理性，指导环境工程设计者明确其对环境的责任和义务，为畜禽环境控制与管理提供科学的依据。

【知识储备】

一、畜禽场环境监测的目的任务

对环境中某些有害因素进行调查和度量,称为环境监测。其目的是为了查明被监测环境变异幅度以及环境变异对畜牧业生产的影响,以便采取有效措施,减少不良影响。通过环境卫生的监测及时了解畜禽舍及牧场内环境状况,掌握环境是过冷的还是过热的,或出现了什么污染物,它的污染范围多大,污染程度如何,影响怎样。根据测定数据、对照环境质量标准以及检查畜禽的健康和生产状况,进行环境质量评价,及时采取措施解决存在的问题,确保畜禽生产正常进行。目前,我国已制定出畜禽场的环境污染物排放标准,各生产单位应严格按照标准执行,并采取科学的工艺和方法组织生产,力争实现污染物零排放。

二、畜禽场环境监测的主要内容

畜禽场环境监测以畜禽养殖污染物及其对动植物和人类的危害为核心,在某一时间或某段时间内,间断或连续地对土壤、大气、水质及畜禽产品等质量变化的指标进行监测。环境监测内容主要包括3个方面:①对环境污染的监测:对养殖场污染物的浓度进行定期、定点的测定;②环境监测:定期采集畜禽场环境的大气、水源、土壤、饲料等样品,测定其中的有害物质的种类与浓度;③定期测定畜禽产品中残留的污染物质。

三、环境监测的方法

(一)环境综合现状调查

1.调查的方法

由畜禽环境行政主管部门,委托相关具有检测资质的检测单位,对畜禽养殖场的自然环境与资源概况、社会经济概况等,进行综合现状调查,并确定布点采样方案。综合现状调查常采取收集资料法和现场调查法相结合的形式进行。

(1)收集资料法　以收集或查阅自然环境和社会环境等相关的文献资料为主要方法。查阅的资料有当地社会经济发展规划,畜禽场建设规划与可行性论证报告,当地及场区社会、经济和环境等方面的统计资料,以及环境管理与科研监测部门的环境调查、监测和评价资料等。

(2)现场调查法　在收集资料的基础上,经整理、判断和分析,对可疑的因素进行现场勘察与监测。

2.调查的主要内容

(1)自然环境与资源概况　对自然地理、气候及气象、土地资源、水文状况、植被及生物资源、自然灾害及自然保护区等进行概况调查。

(2)社会经济概况　包括工业布局、农田水利、畜牧业发展状况、乡镇居民点规模和分布情况、人口密度、人群健康、地方病发生情况、文化教育水平等。

3.畜禽场环境现状初步分析

畜禽场环境现状初步分析主要包括:场区基本情况、灌溉用水环境质量、土壤环境质量、优化布点监测方案。

(二)环境质量监测

1.水质监测

按《生活饮用水卫生标准》对畜禽场(区)的水质进行监测。

(1)布点 水质监测点要有一定的代表性、准确性、合理性和科学性。设畜禽场水质检测点时,要兼顾污染物排放总量的监测和畜禽场废弃物对当地水环境的影响。通常在附近的饮用水水源、农田灌溉水源、渔业养殖水体、地下水井等处布设监测点位。

(2)采样 地方环境监测站对畜禽生产企业的监督性监测每年至少1次,若被列为年度监测的重点排污单位,应增加到每年2~4次。生产企业进行自我监测,则按生产周期和生产特点确定监测频率,一般每周1次。若有污水处理设施并能正常运转,污水能稳定排放,监督监测可瞬时采样;对于排放曲线有明显变化、不稳定排放污水的情况,要根据曲线情况分时间单元采样,再组成混合样品。要求混合单元采样不得少于2次。若排放污水的流量、浓度甚至组分都有明显的变化,则在各单元采样时的采样量应与当时的污水流量成正比,以使混合样品更有代表性。

采样数量要适当增加2~3倍的余量;采样容器应先用采样点的水冲洗3次,再装入水样;采样结束前要仔细检查采样记录和水样,若有漏采或不符合规定者,应立即补采和重新采样。

(3)监测项目 包括水文、pH、生化需氧量、悬浮物、氨氮量、总磷量、粪大肠菌群、蛔虫卵、细菌总数、总硬度、溶解性总固体、铅、砷、铜、硒等。

2.空气监测

空气监测常存在同一地点、不同时刻或同一时刻、不同空间位置所测定的污染物浓度不同的现象。一般可在一年四季各进行1次定期监测,每年至少连续监测5 d,每天采样3次。

(1)布点 主要根据现状分析结论、生产特点、当地主导风向来确定监测位点。样点的设置还应根据空气质量的稳定性以及污染物对动植物及人体的影响程度适当增减。

(2)采样 合理选择采样方法的依据有:①污染物在大气中的存在状态;②污染物浓度的高低;③污染物的理化性质;④分析方法的灵敏度。气体采样方法可分为直接采样、浓缩采样和无动力采样三大类。

(3)监测项目 以氨、硫化氢、二氧化碳为主,无窗式畜禽舍或饲料间还须测粉尘、噪声等。

3.土壤监测

(1)布点 监测点布设,以能代表整个场区为原则,在可能造成污染的方位和地块布点。

(2)采样 土壤采样的深度通常为0~20 cm,按采样面积、地形或差异性分5~10个点进行采样,然后组成1 kg左右的混合样进行检测。

(3)监测项目 包括pH、生化需氧量、化学需氧量、氨氮量、总磷量、粪大肠菌群、蛔虫卵、总硬度、溶解性总固体、砷、铅、铜、硒等。

4.固体废物监测

畜禽场固体废物主要包括畜禽舍污泥、粪便、尸体、死胚、蛋壳、羽毛等。

(1)采样 堆放、运输中的固体废物和坑池中的液体废物,可按对角线、梅花形、棋盘形、蛇形等点确定采样位置。容器中的固体废物,可按上部、中部、底部确定采样位置。采样工具应干燥、清洁,不能与待采固体废物有任何反应。

(2)监测项目 包括pH、水分含量、有机物、全氮量、全磷量、粪大肠菌群、蛔虫卵、细菌总数、砷、铅、铜、锌等。

(三)检测质量控制

1.监测人员

监测人员要有一定的文化素质和专业技能,有高度的责任心,懂得协作与沟通,具有大局观念,工作认真细致,能胜任监测环境质量工作。

2.采样科学合理

采样前要进行环境调查,了解排污单位的生产状况,包括原料种类及用量、半成品种类及用量、成品种类及用量、用水量、用水部位、生产周期、工艺流程、废水来源、废水治理设施处理能力和运行状况等,同时要了解周围居民的意见和建议,注意是否有异常现象。采样要认真、规范,按规定填写采样记录。采样频次、时间和方法应根据监测对象和分析方法而定,样点的时空分布应能正确反映所监测地区主要污染物的年度水平、波动范围和变化规律。注意样品的代表性,防止样品受人为因素的污染。要在规定的时间内送交监测实验室。

3.监测实验室

注意实验室环境,防止交叉干扰,保证水和试剂的纯度要求,各种计量器具按照要求定期进行检定与维护,重视所用标准溶液的准确性。分析测试时,应优先选用国家标准方法和最新版本的环境监测分析方法,采用其他方法时,应进行等效试验,并报省级或国家的监测站批准备案。能做平行样、质控样的分析样品,质控人员在采样或样品加工分装时,应编入 10%～15%的密码平行样或质控样;样品数不足 10 个时,应做 50%～100%的密码平行样或质控样。

(四)环境质量评价

1.评价基本程序

根据环境调查与监测资料分析,应用环境质量指数系统进行综合处理,然后对这一地区的环境质量作出定量描述,并提出该区域环境污染最后防治措施。其程序为:环境质量状况考察及环境本底特征调查→环境质量调查及优化布点采样→调查资料及监测数据的整理→选定评价参数、评价环境的标准→建立评价数学模式并进行评价→环境质量现状评价结论→提出保护和改善环境的对策及建议。

2.评价标准

目前,均以国家颁布的环境卫生标准作为评价的依据,监测有害物质是否超过国家规定的标准。如《畜禽养殖业污染物排放标准》(GB 18596—2001)、《粪便无害化卫生要求》(GB 7959—2012)、《恶臭污染物排放标准》(GB 14554—1993)、《畜禽场环境质量标准》(YN/T 388—1999)、《环境空气质量标准》(GB 3095—2012)、《地下水质量标准》(GB 14848—2017)、《生活饮用水卫生标准》(GB 5749—2006)、《农田灌溉水质标准》(GB 5084—2005)等。

3.评价方法

不同对象的评价方法是不完全相同的,依据简明、可比、可综合的原则,环境质量评价一般采取指数法。包括单项污染指数法和综合指数法。

(1)单项污染指数法

$$P_i = \frac{C_i}{S_i}$$

式中:P_i 为环境中污染物 i 单项污染指数;C_i 为环境中污染物 i 的实测数据;S_i 为污染物 i 的评

价标准。$P_i < 1$ 时,未污染,判定为合格;$P_i \geqslant 1$ 时,判定为不合格。

(2)综合污染指数法

$$P_{综} = \sqrt{\frac{[(C_i/S_i)_{max}]^2 + [(C_i/S_i)_{ave}]^2}{2}}$$

式中:$P_{综}$ 为综合污染指数;$(C_i/S_i)_{max}$ 为污染物中污染指数的最大值;$(C_i/S_i)_{ave}$ 为各单项污染指数的平均值。$P_i < 1$ 时,未污染,判定为合格;$P_i \geqslant 1$ 时,判定为不合格。

4.评价报告的基本内容

(1)前言　包括评价任务缘由、产品特点、生产规模以及发展计划与规划。

(2)环境质量现状调查　主要对自然环境、主要工业污染源进行调查以及对产地环境现状进行初步分析。

(3)环境质量监测　包括布点原则、采样方法、样品处理、分析项目、分析方法、分析测定结果等。

(4)环境质量现状评价　包括评价所采用的模式及评价标准,并对监测结果进行定量与定性的分析。

(5)提出环境综合防治的对策与建议。

四、畜禽养殖业污染防治的基本原则

我国畜禽养殖业利润低、风险大,其污染防治绝对不能走工业污染防治和城市污染防治的路子,不能简单地依靠单一的末端治理手段解决畜禽环境污染问题。应加大宣传,树立新的环保理念,要防治结合、综合治理,建立与现代化畜牧业相适应且符合国情的畜禽污染防治体系。

2001 年 3 月,原国家环境保护总局(现环境保护部)在颁布的《畜禽养殖污染防治管理办法》中明确提出了畜禽养殖污染防治实行综合利用优先,资源化、无害化和减量化的原则。同年 12 月颁布的《畜禽养殖业污染物排放标准》中提出了畜禽养殖业应积极通过废水和粪便还田或其他措施,对所排放的污染物进行综合治理。

(一)减量化原则

根据我国畜禽养殖业污染物排放量大的特点,通过多种途径,采取清污分流、粪尿分离等手段削减污染物排放总量。

(1)采取农牧结合方式来收集、处理、消纳和控制养殖业的污染物　合理规划养殖结构,限制畜禽饲养量,减少污染物的土壤负荷,减少营养素、有毒残留物、病原体等对水体和土壤的污染。

(2)开展清洁生产,减少粪污产生与排放　清洁生产要求把污染物尽可能消除在它产生之前,其核心是从源头抓起,以预防为主来操作生产的全过程。通过使用绿色促长保健饲料添加剂,实施畜禽标准化的饲养与管理,改造畜禽舍结构和通风供暖工艺,推行干清粪工艺等,建立畜禽养殖场低投入、高产出、高品质的无公害畜禽产品清洁生产技术体系,这是解决养殖场环境问题的根本途径。

(3)环保饲料配方设计　饲料是导致畜禽粪尿污染和畜禽产品有毒有害物质残留的根源。一般在日粮配方中,如果不注意饲料中微量的有毒有害物质在畜禽体内的富集和消化不完全

的营养物质的排出,这类物质将会通过食物链逐级富集,增强其毒性和危害。有毒有害物质若向环境排出,不仅对环境造成污染,还会在畜禽产品中残留,危害人体健康,形成公害。同时,氮、磷、铜、锌及药物添加剂等在土壤中富集,造成表土层和地下水恶化,消化不完全的营养物质发酵增加臭气的浓度,恶化人们的生活环境。因此,配制无臭味、消化吸收好、增重快、疾病少、磷及其他重金属元素排放少的生态营养饲料是标本兼治的有效措施。其步骤为:①选择符合生产绿色畜禽产品要求和消化率高的饲料原料;②尽可能准确估计动物对营养的需要量和营养物质的利用率,采用营养平衡配方技术;③添加酶制剂可促进营养物质的消化吸收,添加微生态制剂可调节畜禽胃肠道内的微生物群落,促进有益菌的生长繁殖,对提高饲料利用率有明显作用;④不使用高铜、高锌饲料;⑤使用除臭剂,减少动物粪便臭气的产生;⑥采用生物工程、细胞工程、酶工程和发酵工程等生物技术来消除饲料中的抗营养因子、毒素以及代谢过程中产生的有毒有害物质等。

(二)无害化原则

无害化处理污染物符合资源短缺的现状,符合资源再生的要求,符合环境污染治理与生态保护的要求。

1.有害微生物的无害化消毒技术

畜禽粪便中包含大量的粪大肠菌群、蛔虫卵、细菌、病毒等有害微生物,应对它们进行有效的无害化处理,以保护环境和人体健康。

(1)厌氧消毒　利用厌氧反应中厌氧菌的生长、繁殖或厌氧分解所释放的热量来改变一些病原微生物的生活现状而杀死病原微生物或者使一些有毒有害物质降解,失去或降低生理毒性的过程。①厌氧发酵消毒:畜禽粪便沼气工程是厌氧发酵消毒的核心技术,在35~55℃厌氧条件下,将粪水中的微生物降解为沼气和二氧化碳,达到生成能源和杀灭病原微生物的作用。②厌氧堆肥:是无害化处理畜禽粪便或固液结合污染物的常用方法。

(2)紫外线消毒　主要作用是引起核酸组成中胸腺嘧啶(T)发生化学转化作用,从而使微生物 DNA 失去应有的活性(转录、翻译功能),导致微生物死亡。但不同类别的微生物对其抵抗力不同,细菌芽孢>革兰氏阳性菌>支原体、革兰氏阴性菌。

(3)化学消毒　即用化学消毒剂杀灭病原微生物的方法。常用的高效消毒剂有过氧化物类(过氧乙酸、过氧化氢、臭氧等)、醛类(甲醛、戊二醛)、环氧乙烷、含氯消毒剂(有机、无机氯类)等,中效消毒剂能杀灭部分细菌繁殖体、真菌和病毒,不能杀灭细菌芽孢(乙醇、酚类)。低效消毒剂能杀灭部分细菌繁殖体、真菌和病毒,不能杀灭结核杆菌、细菌芽孢和抵抗力较强的真菌和病毒。

2.控制畜禽产品中重金属的污染

畜禽产品中的重金属主要来自含重金属的饲料及添加剂。主要是镉、铅、汞及类金属砷等生物毒性显著的元素。控制措施有:①生产中不使用国家禁用或未经批准的饲料及添加剂;②提倡使用绿色促长保健饲料添加剂,如酶制剂、微生物制剂、中草药、活性多肽、酸化剂、低聚糖类制剂等天然物质;③定期对产地(厂商)考察评估,了解其生产条件和质量管理状况,对使用的饲料或添加剂进行卫生质量指标抽检;④对受重金属污染的畜禽粪便进行科学处理。

3.控制畜禽产品中药残的含量

严格执行《饲料药物添加剂使用规范》的规定和《禁止在饲料和动物饮用水中使用的药物品种目录》中的规定,限制使用某些人畜共用药,允许使用《兽药管理条例》《兽药质量标准》和《进口兽药质量标准》中收录的营养类、矿物质类和微生物类兽药。

4.畜禽养殖场废物的无害化处理技术

各国采用的技术或工艺流程不尽相同,各有各的特点,同时也形成了各自的管理程序和方法。例如,北京顺义良山种猪场的粪污处理采用生物处理,先固液分离,用沼气池厌氧处理降解液体中80%以上的有机物,沼气回收作燃料,沼液经活性污泥处理池、生物塘等脱磷脱氮处理稳定后用于农田灌溉,固体则堆肥制成有机肥。

(三)资源化原则

资源化利用是畜禽粪便污染防治的核心内容。畜禽粪便经处理可作肥料、饲料、燃料等,具有很大的经济价值。畜禽粪便中含有农作物所必需的氮、磷、钾等多种营养成分,是很好的土壤肥料。畜禽粪便中含有许多未被消化利用的营养成分,经无害化处理后可作饲料、大发电厂和加工厂的燃料。

五、养殖场废弃物的处理

(一)畜禽粪便的处理与利用

1.畜禽粪便的处理

(1)畜禽粪便在自然界的转化 畜禽的粪便通过土壤、水和大气的理化及生物学作用,杀死其中的微生物,各种有机物逐渐分解,变成植物可吸收利用的营养物质,并通过动植物的同化和异化作用,重新转化为构成动植物体的糖类、蛋白质和脂肪等。换言之,在自然界的物质循环和能量流动过程中,粪便经过土壤作物的作用可再度转化为饲料(图6-1)。这种农牧结合、互相促进的处理办法,不仅是处理畜禽粪便的基本途径,还是保护环境和维护农业生态系统平衡的主要手段。

(2)科学合理布局与规划畜禽场 畜禽场废弃物处理与利用的基本要求是排放数量"减量化",处理过程"无害化"和处理目标"资源化"。各地应根据畜禽场产生的粪尿量及土地面积的大小,确定各个畜禽场的规模,并使其科学、合理、均匀地在本地区内分布。做到施用粪肥中的主要养分可被作物吸收利用而不积累,由土壤完成基本的自净过程。

(3)畜禽粪便的清除 在不同规模的畜禽场,清除畜禽粪便的工艺与方式不同,产生粪便的状态与数量也不同。过去采用水冲式清粪,尽管节省劳动力,但大量的水进入粪便,不仅扩大了废弃物的体积与数量,增加了处理与利用畜禽粪便的难度,而且浪费水资源,造成了新的污染,在生产中不宜采用。采用粪水分离工艺清除畜禽舍粪便,尽管消耗较多的机械、动力或人力,但可节约水资源,使产生的废弃物数量和体积减小,便于后续的废弃物无害化处理。猪场粪水分离工艺如图6-2所示。

2.畜禽粪便的利用

(1)畜禽粪便用作为肥料 畜禽粪便中含有多种营养成分及大量的有机质,具有改良土壤结构、提高土壤肥力和作物产量的作用。为防治病原微生物污染土壤和提高肥效,应经生物发

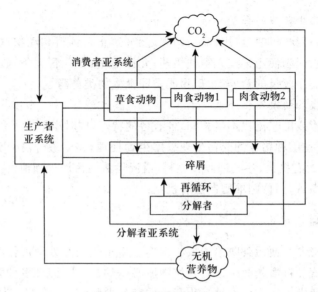

图 6-1 资源的循环利用

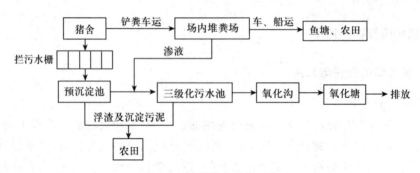

图 6-2 猪场粪水分离工艺

酵或药物处理后再利用。

①生物发酵处理。堆肥是将畜禽粪便和垫草等固体有机废弃物按一定比例堆积起来,在微生物作用下,进行生化反应而自然分解,随堆内温度升高,杀灭其中的病原菌和虫卵等,达到矿质化、腐殖化和无害化的目的,从而变成腐熟肥料的过程。堆肥过程可分 4 个阶段:a. 升温阶段主要是中温性微生物占优势,当温度达到 25℃ 以上时,进入旺盛的繁殖期,开始活跃地对有机物进行分解和代谢,20 d 左右温度上升到 50℃,此时芽孢和霉菌等嗜热好氧性微生物,将单糖、淀粉、蛋白质等有机物分解。b. 当温度达到 60~70℃ 时进入高温阶段。中温性微生物受到抑制或死亡,嗜热真菌、好热放线菌、好热芽孢杆菌等活动占优势。易腐有机物继续分解,一些较难分解的有机物(纤维素、木质素)也逐渐被分解。当温度升到 70℃ 以上时,大量的嗜热菌死亡或进入休眠状态,各种酶开始作用使有机质仍在不断分解,温度也随微生物的死亡、酶的作用消退而逐渐降低,休眠的好热微生物又重新活跃起来并产生新的热量,经过反复几次保持在 60~70℃ 的高温水平,腐殖质基本形成。c. 随微生物活动的减弱,温度下降到 40℃ 左右时进入降温阶段,易腐熟的物质已成熟,剩余的几乎大部分是纤维素、木质素和其他稳定物质。d. 腐熟阶段为保持已形成的腐殖质和微量的氮、磷、钾肥等,为使腐熟的肥料保持平衡,有机成分应处于厌氧条件,防止出现矿质化。

腐熟堆肥的基本要求:a. 物料中有机物含量应占 28% 以上。目前,大中型养猪场采用水冲清粪、固液分离工艺,粪便中大部分可溶性的有机质都被水溶解,粪渣缺乏有机质,很难进行好氧发酵,肥效很低。b. 水分含量以 50%～60% 为宜。堆肥水分含量过低,会影响微生物的生长;过高,则会影响堆肥物料的通气率,进而影响好氧微生物对有机物的充分分解。c. 温度。不同种类的微生物生长适温不同,50℃ 以上时,嗜热性微生物能存活并充分发挥作用,而嗜温性微生物则无法生存,其适温范围为 30～40℃。堆肥温度是通过加大或减小供气的办法来调控的。d. 通气供氧。腐熟堆肥初期应保持好气环境,加速粪肥的氨化、硝化作用,后期应保持堆肥部分产生嫌气条件,以利于腐殖化,减少有效肥分挥发,并使之矿质化而完成有机物降解过程。通气的作用在于供氧、控温和去除多余水分,堆肥中合适的氧浓度为 15%～20%。通气方法主要是翻堆、向堆肥插入带孔的通风管、借助高压风机强制通风、自然通风等。e. 碳氮比。碳供给细菌能源,氮被细菌用来合成蛋白质和核酸,促进细胞繁殖。堆肥物料适宜的碳氮比为(26～35):1。各种畜粪的碳氮比大致为:猪粪(7.14～13.4):1,羊粪 12.3:1,马粪21.5:1,牛粪 13.4:1。它们须加入秸秆、垫草等调整。f. pH。细菌大多要求 pH 为中性或偏碱性,放线菌在中性和偏碱性环境中生长。一般认为 pH 在 7.5～8.5 可获得最大堆肥速率。

堆肥发酵方法简单,处理费用低,但发酵时间长,每次堆肥量不可能很多。畜禽粪便发酵设备的研制,解决了传统堆肥发酵处理的不足。

a. 罐式发酵堆肥。如图 6-3 所示,分为上下2 层的圆形金属罐,圆心为搅拌机轴,每层有多根搅拌棒,搅拌兼送风作用,上层是鲜物料和少量发酵到一定阶段的物料混合物,鲜物料利用一个输送带自动输入,搅拌机将新旧物料混匀,发酵 3 d 后,物料进入下层。该层物料经 3 d 发酵后基本腐熟,然后用输送带将物料运走,再加入一些添加剂,包装后形成产品。该种方法腐熟期共需 20 d 左右,出罐后为后熟阶段。该堆肥发酵工艺是连续的,便于形成工厂化生产。

b. 自落式多层堆肥塔。共分 6 层,每层底

图 6-3　发酵塔和发酵罐

板由多块可反转的栅板构成,加调理剂进行预处理后的堆肥物料送入最上层,发酵 24 h,反转底板物料落入第二层,每天通过一层而完成前期腐熟,供氧由鼓风机通过管道送入各层。每天一次入料到第一层,第六层则每天出料一次。该法采用自动控制,操作简单,处理量大,对周边环境无污染,便于工业化连续生产。

②药物处理。在急需用肥的季节或血吸虫病、钩虫病流行的地区,为在短时间内使粪肥达到无害化,可采用敌百虫、尿素、硝酸铵等药物处理,对农作物和人畜无害,不损肥效,灭虫卵效果好。

③施用粪肥注意事项。a. 粪肥必须经过无害化处理,并且符合《畜禽养殖业污染物排放标准》才可利用;b. 经处理的粪肥作肥料或土壤调节剂,其用量不能超过农田最大负荷量;c. 施肥后,应立即混入土壤,以减少氮素挥发或随地表径流污染地表水,对多雨、坡地或沙质土地区,不

宜施粪肥;d.养殖场可用垃圾车厢装满粪肥,运到农田地头进行堆肥,隔年使用;e.根据施肥对象的需求不同,可配置成不同用途的有机肥,若添加适量无机养分制成有机复合肥则肥效更好。

(2)畜禽粪便作为饲料 畜禽粪便中含有较丰富的未消化的营养物质(表 6-1),将畜禽粪便加工处理后,掺入饲料中喂畜禽,能获得良好的效果。利用畜禽粪便作饲料,不仅开辟了饲料资源,有利于物质和能量的良性循环,还能防止粪便污染环境。

表 6-1　畜禽粪便的营养成分(干物质)

项目	肉鸡粪	蛋鸡粪	肉牛粪	奶牛粪	猪粪
粗蛋白/%	31.3	28	20.3	12.7	23.5
真蛋白/%	16.7	11.3		12.5	15.6
可消化蛋白/%	23.3	14.4	4.7	3.2	
粗纤维/%	16.8	12.7	31.4	37.5	14.8
粗脂肪/%	3.3	2.0		2.5	8.0
无氮浸出物/%	29.5	28.7		29.4	38.3
可消化能(反刍动物)/(kJ/g)	10 212.6	7 885.4		123.5	160.3
代谢能(反刍动物)/(kJ/g)	9 128.6				
总消化氮(反刍动物)/%	59.8	28		16.1	15.3
Ca/%	2.4	8.8	0.87		2.72
P/%	1.8	2.5	1.60		2.13
Cu/(mg/kg)	98	150	31		63

鸡粪有较高含量的蛋白质和齐全的氨基酸种类,是最受关注的一种非常规饲料源。特别是用禽粪饲喂牛、羊等反刍动物,其中的非蛋白态氮可被瘤胃中的微生物利用并合成菌体蛋白质,再被牛、羊吸收,利用率更高。同时,禽粪也是单胃动物和鱼类良好的饲料蛋白质来源。禽粪用作饲料的处理方法主要有以下 6 种。

①新鲜粪便直接利用。研究表明,用鲜兔粪按 3∶1 代替麸皮直接拌料喂猪,平均每增重 1 kg 活重可节省 0.96 kg 饲料,且猪的增重、屠宰率和肉品质均与对照组无明显差异;用新鲜鸡粪直接饲喂奶牛与肉牛效果也较好。但该法应注意卫生防疫,避免疾病传播。

②青贮。以干燥的禽粪 50%、青饲料 30%、麸皮 20%的比例,再加少许食盐,装入缸和其他容器中,压实、封严,进行乳酸发酵,经 3～5 周后,可变成调制良好的发酵饲料。其适口性好,消化吸收率高,适用于饲喂育成鸡、育肥猪和繁殖母猪。

③高温干燥。利用高温将畜禽粪便中的水分迅速减少,以减少臭气,并便于运输和贮存。其中自然干燥是将粪便摊在水泥地或塑料薄膜上晒干后贮存备用。简单易行,节省能源,但效率低,营养损失多,不能杀灭某些病原菌和寄生虫卵。人工干燥是通过高温、加压、热化、灭菌、脱臭等处理,将鲜鸡粪制成干粉状饲料添加剂。我国采用的微波加热器干燥,脱水率高且速度快。意大利将热气通至鲜粪,初期热气温度为 500～700℃,使鸡粪表面水分迅速蒸发;中期降至 200～300℃,使粪内的水分不断分层蒸发;末期降至 150～200℃,使粪内水分进一步减少,安全可靠,可有效防止疾病传播。用干燥鸡粪喂牛、猪和鸡,可分别代替 25%～30%、10%～30%和 10%～15%的日粮。

④化学处理。每 10 kg 鲜粪添加 17.5 g 的福尔马林(或乙烯)混合后加盖处理 3 h,粪便中多数微生物被杀死。用一定量的氢氧化钠处理干鸡粪后喂反刍动物可提高磷酸钙和氯化钠的获得率。

⑤生物处理。用畜粪培养蝇蛆和蚯蚓,再将其加工成浆或粉饲喂畜禽,是营养价值极高的蛋白质饲料。

⑥氧化发酵。氧化池设于猪舍漏缝地板下或舍外,池内装有搅拌器,可使固体粪便加速分离并充分氧化发酵。形成的混合液中氨基酸含量提高 1~2 倍,可作为营养液直接喂猪。当发现混合液中有虫卵时,先使池内缺氧一周,然后启动搅拌器供氧,即可杀灭多数病原菌和寄生虫卵。

(3)畜禽粪便作为能源　一是将畜禽粪便直接投入专用炉中焚烧,主要在经济落后的牧区使用;二是将畜禽粪便和秸秆等混合,进行厌氧发酵产生沼气,用以照明或作为燃料。将畜禽粪便与其他有机废弃物混合,在一定条件下,厌氧发酵产生沼气,可充分利用粪能和尿能。试验表明,饲养 2 头肉牛或 3.2 头奶牛或 16 头育肥猪或 330 只鸡一天所产生的粪便形成沼气与 1 L 汽油的能量相当。

沼气是一种无色、略带臭味、含多种成分的可燃性混合气体。主要成分是甲烷(CH_4),占 60%~75%,还有二氧化碳和少量的氧、氢、一氧化碳、硫化氢等。沼气的发热量高达 20~27 MJ/m^3。沼气可为生产、生活提供能源,同时沼渣和沼液又是很好的有机肥料。

①生产沼气应满足的条件。a.沼气池应密闭,保持无氧环境。b.合理搭配沼气池内的原料。一般纤维素含量较多的原料(如秸秆、垫料、青草等)分解产气慢,持续时间较长;纤维少的原料(如人畜粪)分解产气速度快,但持续时间较短。此外,原料的氮碳比一般为 1:25,常用的配料比例是人粪:青草:猪粪=1:2:2。c.原料的浓度要适当。原料与加水量的比例以 1:1 为宜。d.保持池内适宜的 pH。一般要求 pH 为 7~8.5,发酵液过酸时,可加石灰或草木灰中和。e.保持适宜的温度。一般甲烷细菌繁殖的适宜温度为 20~30℃,当沼气池内温度降至 8℃ 或高于 40℃ 时,产气量迅速减少。f.经常进料、出料并搅拌池底,以促进细菌的生长发育和防止池内表面结壳。g.加入发酵菌种。新建沼气池,装料前应加入沼气发酵沉渣、屠宰场排污沟泥或粪坑底角污泥,以丰富发酵菌种。

沼气池由发酵池、进料口、贮气池、气体通道、池盖等几部分组成。如图 6-4 所示,池身建在地下,一般深 3 m,直径 1.5~1.8 m 为宜。沼气池要求严格密封,最好用水泥、混凝土修建。

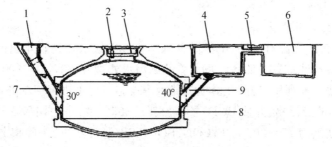

图 6-4　沼气池示意图

1.进料口;2.导气管;3.活动盖;4.水压间;5.溢流管;

6.贮肥池;7.进料管;8.发酵间;9.出料管

②沼气生产工艺。a.备料。将农作物秸秆铡成 3～5 cm 长的短节，与畜禽粪便混合。b.检修沼气池。进料前应对沼气池进行检修，确保密封不漏气，若有破损，应及时修补。c.配料。原料中的固形物应占 10% 左右。d.进料。若用农作物秸秆作原料，则应铺设一层秸秆，加一层粪便压实；若为畜禽粪便作原料，则将畜禽粪便加入沼气池，再按比例加水或沼液。e.密封。加盖确保不漏气。f.管理。寒冷季节，应注意防寒保暖，确保池内温度满足发酵要求。g.搅拌。安装搅拌设施，每日定时搅拌，使微生物与有机物充分接触，沼液内环境趋于稳定一致，促进沼气释放，产气速度可增加 15% 以上。h.调节 pH。测定出料口沼液 pH，当 pH 过小时，加入适量的石灰或草木灰调节。

(二)污水处理技术

1. 污水处理的基本原则

①采用用水量少的清粪工艺——干清粪工艺。使干粪与尿污水分流，减少污水量及污水中污染物的浓度，从而降低污水的处理难度和成本。

②走种养结合的道路。污水经处理后当作肥料来灌溉农田、果树、蔬菜及草地等，尽量减少畜禽养殖场的污水排放量。

③对于大中型畜禽养殖场，特别是水冲粪养殖场，必须采取厌氧消化为主，配合好氧处理和其他生物处理的方法。

④对于畜禽养殖场规模小且偏远地区，尽量采取自然生物处理法。即实行干清粪工艺，污水可利用附近废弃的沟塘、滩涂进行处理，采用投资少、运行费用低的方式处理污水。

⑤对农村经济比较发达，农业生产已形成规模和专业化经营的自然村，可实施以村为单位修建大中型沼气工程，使生态环境趋向良性循环。

2. 对污水处理的具体要求

①畜禽养殖场所产生的污水应坚持农牧结合的原则，经处理后尽量充分还田，实现污水资源化利用。

②对没有充足土地消纳污水的畜禽养殖场，可根据当地实际情况选取综合利用措施。a.经生物发酵后，可浓缩制成商品液体有机肥料。b.进行沼气发酵并对沼渣、沼液尽可能实现综合利用。c.进行其他生物能源或其他类型的资源回收利用时要避免二次污染，排放部分要达到《畜禽养殖业污染物排放标准》(GB 18596—2001)的规定。当地已制定排放标准时应执行地方标准。

3. 畜禽养殖场污水处理方法

畜禽养殖场的污水来源有 4 种：生活污水、自然雨水、饮水器终端排出的水和饮水器中剩余的水、洗刷设备及冲洗畜禽舍的水。畜禽养殖场污水处理方法有以下 3 种。

(1)物理处理法 是利用隔栅、化粪池或滤网等设施对污水进行简单处理的一种方法。这可除去 40%～65% 的悬浮物，并使 BOD_5 下降 25%～35%。污水中固形物和液体的分离也可用分离机，其分离速度为 25～30 m^3/h，COD、BOD_5、SS(悬浮物)的去除率分别为 30%、25%、40%，固形物(粪渣)含水率为 75%～85%。

(2)生物处理法 是借助生物的代谢作用分解污水中的有机物，使水质得到净化的一种方法。可分为人工生物处理法和自然生物处理法 2 种。人工生物处理法是指采取人工强化措施，为微生物繁衍增殖创造条件，经微生物活动降解水体有机物，使水体净化的一种方法。主要包括活性污泥处理法和生物过滤法。自然生物处理法是利用自然生态系统中生物的代谢活动降解水体有机物,使水体净化的一种方法。主要包括氧化塘处理法和人工湿地法。

①活性污泥处理法。又称生物曝气法,是在水中加入活性污泥并通入空气进行曝气,使其中的有机物被活性污泥吸附、氧化和分解,达到污水净化目的一种方法。活性污泥是由微生物群体(细菌、真菌和原生动物等)及它们所吸附的有机物和无机物组成的,细菌是其净化功能的主体。当通入空气后,好氧微生物大量繁殖,细菌及其分泌的胶体物质和悬浮物黏附

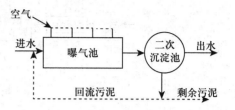

图6-5　活性污泥处理法基本流程

在一起,形成具有很强吸附和氧化能力的絮状菌胶团,且易于沉淀。其主要设备是曝气池和二次沉淀池,基本流程见图6-5。

污水进入曝气池,与回流污泥混合,靠设在池中的叶轮旋转、翻动,使空气中的氧进入水中,进行曝气,有机物即被活性污泥吸附和氧化分解。从曝气池流出的污水与活性污泥的混合液再进入沉淀池,在此进行泥水分离。沉淀池底部的活性污泥一部分回流至曝气池,剩余的进行脱水、浓缩、消化等无害化处理或厌氧处理后再利用。沉淀池的上清液引出消毒后再利用(主要用于冲洗地面或清粪)。

氧化沟是一种简易的活性污泥污水处理设施。是在狭长形的沟中设置一曝气转筒,两端固定,并顺水流方向转动,曝气作用在转筒附近发生,转筒旋转使污水和沟内活性污泥混合而被净化。

②生物过滤法。又称生物膜法,它是使污水通过一层表面充满生物膜的滤料,依靠生物膜上大量微生物的作用,并在氧气充足的条件下,氧化污水中的有机物的一种方法。其设施又分普通生物滤池、生物滤塔、生物转盘(图6-6)和生物膜接触氧化池等。以下介绍前3种。

a.普通生物滤池:池内设有碎石、炉渣、焦炭,或轻质塑料板、蜂窝纸等铺设的滤料层,污水由上方进入,被滤料截留其中的悬浮物和胶体物质,滤料上微生物大量繁殖,逐渐形成菌胶团、真菌菌丝和部分原生动物组成的生物膜。大量吸附污水中的有机物,好氧分解,达到污水净化的目的。

b.生物滤塔:分层设置盛有滤料的隔栅,污水在滤料表面形成生物膜,因塔身高,污水与生物膜接触的时间延长,更有利于对有机物质的吸收和氧化分解,其效率高、占地少、造价低。

c.生物转盘:由转轴、盘片和氧化槽构成的可以降解水中有机物的装置,由盘片串联成组,材料可用聚乙烯塑料、玻璃钢、金属板等制成;中心横贯转轴,轴的两端固定在半圆形氧化槽的支座上。转盘表面有40%～50%浸在氧化槽内的废水中,转轴一般高出水面10～25 cm。当污水流经生物转盘时,盘片吸附截留水中的有机物,表面形成生物膜,降解污水中的有机物。当盘片缓慢旋转时,生物膜与空气和污水交替接触,促进有氧化过程,提高其吸附和降解有机污染物的能力。生物转盘还具有硝化、脱氮和除磷等功能。

③氧化塘处理法。是利用天然水体和土壤中的微生物、植物和动物等的生命活动来降解废水中有机物的一种方法。我国氧化塘生物主要由菌类、藻类、水生植物、浮游生物、低级动物、鱼、虾、鸭、鹅等组成。根据优势微生物对氧的需求程度,氧化塘分为以下几种。

a.厌氧塘:水体中的有机物在厌氧菌作用下被分解产生沼气,将污泥带到水面,形成一层浮渣,可保温和阻止光合作用,维持水体的厌氧环境,其净化水质的速度慢(30～50 d)。

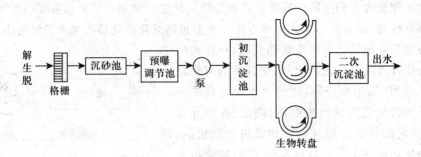

图 6-6   生物转盘示意图

b. 曝气塘:是在池塘水面安装有人工曝气设备的氧化塘,水深为 3～5 m,在一定水深内可维持好氧状态。废水在曝气塘停留时间为 3～8 d,BOD_5 负荷为 30～60 g/(m^3·d),BOD_5 去除率在 70% 以上。

c. 兼性塘:如图 6-7 所示,水体上层含氧量高,中、下层含氧量低。一般水深在 0.6～1.5 m。在池水上层,藻类光合产氧使水处于好氧状态,中、下层水处于厌氧状态。污水中的有机物主要在上层被好氧微生物氧化分解,沉积在底层的固体和老化藻类被厌氧微生物发酵分解。废水在塘内停留时间为 7～30 d,BOD_5 负荷为 2～10 g/(m^3·d),BOD_5 去除率为 75%～90%。

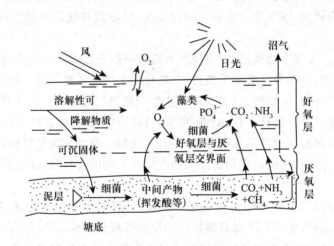

图 6-7   兼性塘

d. 好氧塘:一般水深只有 0.2～0.4 m,阳光直接射入塘底,塘内藻类的光合产氧,大气也可向水体供氧。好氧菌将有机物转化为无机物而使污水净化。废水在塘内停留时间仅为 2～6 d,BOD_5 去除率高达到 80%～90%,塘内几乎无污泥沉积,主要用于废水的二级和三级处理。

e. 养殖塘:主要养殖鱼类、螺、蚌以及鸭、鹅等水禽。养殖塘(图 6-8)通过水产动植物的生命活动,将废水中的有机质转化为水产品。养殖塘深度为 2～3 m,水生植物进行光合作用分解污染物,浮游动植物将水体中的植物产品和水体中有机物转化为鱼类饵料或畜禽饲料,最后被畜禽和鱼类取食,将水体有机物转化为动物产品。在利用养殖塘处理污水时,一般采用多塘串联,第一、第二级池塘培养藻类和水生植物,第三、第四级培养浮游动物,最后一级放养鱼类和水禽。

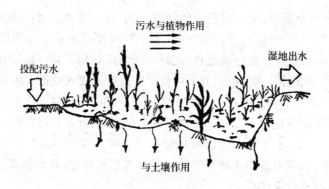

图 6-8　养殖塘

④人工湿地处理法。当污水流经人工湿地时,生长在低洼地或沼泽地的植物截留、吸附和吸收水体中的悬浮物、有机质和矿物质元素,并将它们转化为植物产品。将若干个人工湿地串联起来,组成污水处理系统,可大幅度提高其处理污水的能力。人工湿地主要由碎石床、基质和水生植物(如芦苇、水浮莲)等组成。

(3)化学处理法　是向废水中加入化学试剂,通过化学反应改变水体及其污染物性质以分离、去除废水中污染物或将其转化为无害物质的方法。①中和法:利用酸碱中和反应的原理,向水体中加入酸性(碱性)物质以中和水体中碱性(酸性)物质的方法。畜禽场废水含有大量有机物,经微生物发酵产生酸性物质。因此,一般向废水中加入碱性物质即可。②混凝法:是向废水中投加混凝剂,使细小悬浮颗粒或胶粒聚集成较大的颗粒而沉淀,从而使细小颗粒或胶体与水体分离,使水体得到净化的一种方法。最后,还须用化学法消毒,杀灭水中的病原微生物后,方可安全利用。

(三)畜禽尸体、垫料、垃圾的处理与利用

1. 尸体的处理与利用

病死畜禽尸体要及时处理,严禁随意丢弃,严禁出售或作为饲料再利用。我国《畜禽养殖业污染防治技术规范》(HJ/T 81—2001)规定病死畜禽尸体处理应采取焚烧或掩埋法。规模大的畜禽场要设置焚烧设施,对其产生的烟气应采取有效的净化措施。不具备焚烧条件的畜禽场可采用填埋法。对非病死畜禽,堆肥是处置畜禽尸体较为经济有效的方法。

(1)高温熬煮　将尸体置于特制的高压锅(5 Pa、150℃)内熬煮,彻底消毒,晒干粉碎后作饲料,畜禽场也可用普通大锅经100℃以上的高温熬煮处理。此法多用于非传染病死亡的畜禽尸体。

(2)焚烧法　用于处理危害人畜健康极为严重的传染病畜禽尸体。幼小的畜禽可用焚烧炉,体积较大的动物则用焚烧沟。焚烧沟为十字形沟,沟长2.6 m,宽0.6 m,深0.5 m,在沟的底部放木柴或干草作引火用,在十字沟交叉出铺上粗且潮湿的横木,其上放置尸体,四周用木柴围上,撒上煤油焚烧。

(3)填埋法　畜禽场应设2个以上的安全填埋井,混凝土结构,深度大于2 m,直径为1 m,井口加盖密封。在每次投入畜禽尸体后,覆盖一层厚度大于10 cm的熟石灰,用黏土填埋压实并封口。也可在畜禽舍500 m以外挖2 m以内的深坑,坑周围撒上消毒药剂,尸体用塑料袋封装,深埋后四周设栅栏并作标记。

(4)堆肥法　分 2 个阶段:第一阶段为初始堆肥期,由一系列大小一样的堆肥箱(室)来完成,装满畜禽尸体时要与添加物一起进行堆肥;第二阶段常采用一个容器或混凝土区,所用的体积大于或等于第一阶段堆肥箱体积之和,此时堆肥温度开始下降。以下介绍堆肥的条件。

a.堆肥混合物中碳氮比应为(10~25)∶1,若尸体被粉碎或在地面上堆积,碳氮比为 25∶1,堆肥初始碳氮比维持在(13~15)∶1。b.堆肥温度为 55~60℃,超过 75℃会引起自燃,将堆肥物从箱中移出,在地上平铺厚度低于 15 cm,温度达到安全值时,重新装箱堆肥。c.堆肥初始阶段的湿度应当在 45%~55%,超过 60%会影响堆肥反应。第二阶段为 55%~65%,以利于降温。d.满足堆肥的好氧条件,厌氧会产生腐败气味。将畜禽分层放置,并添加草、粪饼、木屑、坚果壳及树皮等,以保证有足够的孔隙率。

2.垫草、垃圾的处理

畜禽场废弃的垫草以及场内生活和各项生产活动产生的垃圾,除和粪便一起用于产生沼气外,还可在畜禽场内下风处选一地点焚烧并用土覆盖,发酵后可变成肥料。

(四)孵化废弃物的处理与利用

禽场在孵化过程中也会有大量的废弃物产生,主要有蛋壳和各阶段的死胚。其处理方法:①将蛋壳和死胚混合在一起,经高温消毒、干燥处理后,制成粉状饲料加以利用。试验表明,在生长鸡饲料中可用孵化废弃物加工料代替至少 6%的肉骨粉或豆饼(粕),在蛋鸡饲料中可占16%。②将蛋壳与各阶段死胚分开处理,蛋壳经高温消毒、干燥后粉碎制成蛋壳粉;死胚单独加工成粉状饲料,其蛋白质含量更高。

(五)养殖场恶臭控制技术

畜禽由消化道排出的气体以及粪尿和其他废弃物腐败产生的气体,不仅含有多种有害物质,而且产生大量的恶臭。其成分复杂,主要为氨、含硫化合物、胺类和一些低级脂肪酸类等。控制恶臭的方法有物理除臭法、化学除臭法和生物除臭法。

1.物理除臭法

(1)吸收法　利用恶臭气体的物理或化学性质,使用水或化学吸收剂对恶臭气体进行吸收从而脱臭的方法。当温度一定时,液气比越大,脱臭效率越高。用水吸收的耗水量大,废水难以处理,易造成二次污染。多使用化学吸收剂,通过化学反应生成稳定的物质以脱臭。当恶臭气体浓度高时,采取多级吸收脱臭。

(2)吸附法　气体被附着在吸附材料外表面从而脱臭的方法。工业上常用的吸附装置由圆柱形容器组成,内设 2 个活性炭吸附床,当被污染的气体通过时,被活性炭吸附,适用于低浓度有味气体的处理。天然沸石是一种含水的碱金属或含碱土金属的铝硅酸盐矿物,有很大的吸附表面和很多大小均匀的孔道,可选择地吸附胃肠中的细菌以及氨、硫化氢、二氧化碳、二氧化硫等,降低畜禽舍内空气湿度和粪便的水分含量。若将沸石按每只鸡 5 g 的比例混于垫料中,则舍内氨含量下降 37.04%,二氧化碳含量下降 20.19%。海泡石、膨润土、硅藻石等也有类似的吸附作用。

2.化学除臭法

化学除臭剂通过氧化和中和等化学反应把有味的化合物转化成无味或气味较少的化合物。常用的氧化剂有高锰酸钾、重铬酸钾、硝酸钾、过氧化氢、次氯酸钾和臭氧等。在 1 kg 牛、猪粪水中分别添加 100～125 mg 和 500 mg 过氧化氢可明显减少臭味。常用的中和剂有石灰、甲酸、稀硫酸、过磷酸钙等,常见的喷雾除臭剂有 OX 剂和 OZ 剂等。

3.生物除臭法

生物除臭法利用微生物来分解、转化臭气成分以达到除臭的目的。分 3 个过程:①将部分臭气由气相转变为液相的传质过程;②溶于水的臭气通过微生物的细胞壁和细胞膜被微生物吸收,不溶性的臭气先附着在微生物体外,由微生物分泌的胞外酶分解为可溶性物质,再渗入细胞;③臭气进入细胞后作为营养物质为微生物所分解、利用,使臭气得以去除。近年来,中国台湾地区在猪舍床面上先铺一层锯木屑,再撒一层可分解粪尿的微生物,可在短时间内将猪粪中的蛋白质分解,把氨气变成硝酸以除臭。据报道,在猪粪中添加光合细菌能明显减少含氮臭气成分的挥发,有明显的除臭作用。

另外,还要加强管理,采取强化畜禽粪尿、污水处理技术,进行场区绿化,正确而及时地处理畜禽尸体,加强日常卫生管理等综合措施才能达到良好的除臭效果。

六、畜禽场消毒技术

(一)消毒的分类

1.预防消毒

预防消毒是在没有传染病发生时,结合平时的饲养管理,对畜禽舍场地、栏圈(笼具)、饮用水、用具等进行的消毒方法。预防消毒可定期进行,一般每年进行 2 次(春、秋各 1 次),所用的液体消毒药剂有 10％～20％石灰乳、3％的氢氧化钠溶液、百毒杀等。

2.临时消毒

临时消毒是在发生传染病时,为消灭患病畜禽排出的病原体而采取的消毒方式。临时消毒的对象主要有患病畜禽所停留过的不安全畜禽舍、隔离舍,以及被患病畜禽分泌物、排泄物污染和可能污染的一切场所、用具和物品等。要定期进行消毒,直到该传染病被消灭为止。一般对不安全畜禽舍每隔 1 周消毒 1 次,对于隔离舍,每天都应在清扫的基础上进行消毒。

3.终末消毒

终末消毒是在病区消灭传染病后,解除封锁之前,为消灭病源地病原体所进行的全面消毒。所有的药剂应根据发生传染病的种类及病原体对消毒药抵抗力的具体情况进行选择。

(二)消毒方法

1.机械消毒法

机械消毒法是通过机械的方法从物体表面、水、空气、动物体表去掉或减少有害微生物及其他有害物质污染的一种消毒方法,常用的方法有洗、刷、擦、抹、扫、浴及通风等。根据清扫的环境是否干燥,病原体危害的大小,决定是否需要先用清水或某些化学消毒剂喷洒,以免尘土飞扬,造成病原体散播。清除的污染物应运到指定的场所焚烧、掩埋或用其他方法使之无害化。

2.物理消毒法

物理消毒法是应用物理因素杀灭或消除病原微生物及其他有害生物的一种消毒方法,主要包括自然净化、机械除菌、过滤除菌、热力消毒、辐射灭菌、超声波和微波消毒等,物理消毒主要适用于畜禽场设施、饲料、医疗卫生器械、实验材料等的消毒。

（1）过滤消毒技术　以物理阻留的方法，去除介质（主要指气体和液体）中的微生物，其除菌效果与滤器材料的特性、滤孔的大小和静电因素有关。

①网击阻留：滤器材料由无数参差不齐的网状纤维相互交织重叠排列，形成狭窄弯曲的通道，可阻留颗粒样的微生物和杂质。

②筛孔阻留：大于滤孔孔径的微生物等颗粒，经过滤膜或滤析的筛孔时，被阻留在滤器中。

③静电吸附：使微生物带负电，某些滤器材料带正电，通过静电作用阻留微生物或其他颗粒。

（2）热力消毒技术　可分为干热消毒和湿热消毒。

①干热消毒：主要包括焚烧、烧灼、干烤和红外线照射4种消毒方式。

②湿热消毒：包括蒸煮或常压蒸汽消毒、巴氏消毒、低温蒸汽消毒、甲醛低温消毒和高压蒸汽灭菌等消毒方式。

（3）辐射消毒和灭菌　可分为以下2种。

①紫外线消毒：主要对空气、水和污染物表面进行消毒。

②电离辐射灭菌：利用γ-射线、伦琴射线或电子辐射能穿透物品杀死其中微生物的一种低温灭菌法。

（4）其他物理消毒法　可分为以下3种。

①自然净化：是指通过日晒、雨淋、风吹等自然现象，病原微生物或其他微生物被净化的过程。

②超声波消毒：通过超声波发生器产生的超声波进行消毒，对各种微生物都有一定的破坏作用，杀灭杆菌的效果好，对水、空气的消毒效果差。

③微波消毒：具有杀灭微生物种类广、操作方便、省时省力、对被消毒物品损害小等优点，广泛用于制药工业、医疗物品的灭菌。

3. 化学消毒

（1）醛类消毒剂　常用的有甲醛和戊二醛。甲醛消毒效果良好，价格便宜，但有刺激性气味，作用慢。福尔马林含甲醛37%～40%，并含8%～15%的甲醇，比较稳定，可在温室内长期保存，能与水或醇以任何比例混合。对细菌芽孢及繁殖体、病毒、真菌等各种微生物都有高效的杀灭作用。戊二醛用于怕热物品的消毒，效果可靠，对物品腐蚀性小，但作用缓慢。

（2）酚类消毒剂　只能杀灭细菌繁殖体和病毒，不能消灭细菌芽孢，对真菌作用也不大。主要有苯酚、甲酚、氯甲酚、氯二甲苯酚、来苏儿等。酚类消毒剂对环境有污染，其应用趋势在逐渐减少。

（3）醇类消毒剂　只能杀灭细菌繁殖体，不能杀灭细菌芽孢，主要用于皮肤消毒。包括乙醇、异丙醇、甲醇、三氯叔丁醇、苯乙醇、苯甲醇等。

（4）季铵盐类消毒剂　以苯扎溴铵和百毒杀为代表的低效消毒剂，对细菌繁殖体有广谱杀灭作用，不能杀灭细菌芽孢和亲水病毒，常用于皮肤和黏膜的消毒。苯扎溴铵对化脓性病原菌、肠道菌及部分病毒有较好的杀灭能力。百毒杀是目前养殖场首选的灭菌剂之一，具有毒性低、无刺激、无过敏反应、无腐蚀、无污染、安全可靠的优点。百杀毒250 mg/kg以上的浓度作用5 min，可将鸡白痢沙门氏菌和猪丹毒杆菌杀灭。

(5)过氧化物类消毒剂　包括过氧乙酸和过氧化氢。

①过氧乙酸:杀菌作用强大而迅速,价格低廉,但不稳定易分解,对消毒物品有腐蚀作用。使用方法主要有浸泡法(浓度 400~2 000 mg/L,浸泡 2~120 min)、擦拭法(浓度 0.1%,擦拭 5 min)、喷雾法(浓度为 0.5%,对畜禽舍墙壁、门窗、地面等进行消毒)。

②过氧化氢(双氧水):是一种强氧化剂,弱酸性,可杀灭细菌繁殖体及芽孢、真菌和病毒在内的所有微生物。1%~2%用于创面消毒,0.3%~1%用于黏膜消毒,60 mg/L用于空气喷雾消毒。

(6)碘和其他含碘消毒剂　包括以下 3 种。

①碘伏:广谱中效消毒剂,能杀灭大肠杆菌、金黄色葡萄球菌、鼠伤寒沙门氏菌等百余种细菌繁殖体,杀灭作用强而快,对细菌芽孢和真菌孢子杀灭作用弱。

②碘酊:5%的碘酊用于外科手术部位、外伤及注射部位的消毒,杀菌力强,用后不易发炎,对组织毒性小,穿透力强。

③威力碘:含碘 0.5%,是消毒防腐药,1%~2%用于畜禽舍、畜禽体表及环境消毒,5%用于手术器械、手术部位消毒,对细菌和病毒均有杀灭作用。

(7)含氯消毒剂　溶于水后产生有杀菌活性的次氯酸。常用的无机含氯消毒剂有漂白粉、漂白精等;有机含氯消毒剂有二氯异氰尿酸钠、氯胺-T、二氯异氰尿酸、双氯胺-T、卤代氯胺等,它们都是广谱杀菌剂,对细菌繁殖体及芽孢、病毒和真菌都有杀灭作用,并可破坏肉毒杆菌毒素。

(8)其他化学消毒剂　主要介绍以下 2 种。

①高锰酸钾:是一种强氧化剂,可有效杀灭细菌、病毒和真菌,其 0.01%~0.1%的水溶液作用 10~30 min 就可杀灭细菌繁殖体、病毒,并能破坏肉毒杆菌毒素。2%~5%的水溶液作用 24 h,可杀灭细菌芽孢。常用于物品浸泡消毒,与甲醛混用进行畜禽舍熏蒸消毒。

②氢氧化钠:是一种强碱性高效消毒药,生产中常用于喷淋消毒和池水消毒。

(三)畜禽养殖场常规消毒管理

1.畜禽养殖场消毒制度的建立

①全场或局部畜禽舍进行全进全出式消毒,消毒后空舍 1 周再转入畜禽。

②在畜禽场大门口设置消毒池,长度不小于汽车轮胎的周长,一般在 2 m 以上,宽度应与门的宽度相同,水深 10~15 cm,内放 2%~3%氢氧化钠溶液和草包,用于车进入时轮胎的消毒。池内的消毒液约 1 周更换 1 次,北方冬季消毒液应换用生石灰。在生产区的门口和每栋畜禽舍的门外也设消毒池,进入生产区或畜禽舍时均须踏池而过,池内的消毒液一般用 3%的氢氧化钠或 3%的来苏儿溶液,并保证及时更换。

③畜禽舍门口的内侧放有消毒水盆,进入畜禽舍后须先洗手消毒 3 min,再用清水洗干净才可工作。消毒水一般用 0.1%百毒杀或 1%来苏儿溶液,每隔 1 d 更换 1 次。

④畜禽的饮水器、食槽、用具要定时消毒,粪池和解剖室定期消毒,死尸和粪污要无害化处理。

⑤进入养殖场的工作人员要更换消毒服、鞋和帽后才可进入生产区。消毒服每周消毒 1 次,消毒服限于在生产区内穿,有条件的鸡场须先洗澡后,再更换消毒服。

⑥防疫用的连续注射器高压灭菌消毒,使用后的疫苗瓶焚烧消毒,解剖后的畜禽尸体焚烧

消毒。

⑦畜禽场生产区和生活区分开,设置专门的隔离室和兽医室,做好发病畜禽隔离、检疫和治疗工作,控制疫病范围,做好病后消毒净群工作。

⑧某种疾病在本地区或本场流行时,及时采取防治措施,并按规定上报主管部门,隔离、封锁畜禽舍。

⑨坚持自繁自养的原则,若确定需要引种,应隔离45 d,确认无病并接种疫苗后,方可调入生产区。

⑩常年定期灭鼠,及时消灭蚊蝇,以预防疾病传播。

⑪畜禽场所用的消毒剂应选价廉易购,在硬水中易溶解,对人畜比较安全,对用具和纤维织物无腐蚀性或破坏性,在空气中稳定,无刺激气味,无残留毒性的消毒剂。

⑫运送饲料的包装袋,回收后必须经过消毒,方可再利用,以防污染饲料。

2.畜禽舍的消毒方法

(1)鸡舍消毒方法　分空舍消毒和带鸡消毒2种。

①空舍消毒。空舍消毒的六大程序如下。

a.清扫:在鸡舍饲养结束时,将鸡舍内的鸡全部移走,清除存留的饲料,未用完的饲料可作为垃圾或猪饲料使用,将地面的污物清扫干净,铲除鸡舍周围的杂草,并将其一并送往堆集垫料和鸡粪处。将可移动的设备运输到舍外,清洗曝晒后置于洁净处备用。

b.洗刷:用高压水枪冲洗舍内的天棚、四周墙壁、门窗、笼具、水槽和料槽,达到去尘、湿润物体表面的目的。用清洁刷将水槽、料槽和料箱的内外表面污垢彻底清洗,用扫帚刷去笼具上的粪渣,用板铲清除地表上的污垢,再用清水冲洗。反复2~3次,到物见本色为止。

c.冲洗消毒:鸡舍洗刷后,用酸性和碱性消毒剂交替消毒,使耐酸或耐碱细菌均能被杀灭。一般先使用酸性消毒剂,用水冲洗后再用碱性消毒剂,最后应清除地面上的积水,打开门窗,风干畜禽舍。

d.粉刷消毒:对鸡舍不平整的墙壁用10%~20%的氧化钙乳剂进行粉刷,现配现用。同时用1 kg氧化钙加350 mL水,配成乳剂撒在阴湿地面上及笼下粪池内,在地与墙的夹缝处和柱的底部涂抹杀虫剂,确保杀死进入畜禽舍内的昆虫。

e.火焰消毒:用专用的火焰消毒器或火焰喷灯对鸡舍的水泥地面、金属笼具及距地面1.2 m的墙体进行火焰消毒,各处火焰灼烧时间达3 s以上。

f.熏蒸消毒:鸡舍清洗干净后,紧闭门窗和通风口,舍内温度要求为18~25℃,相对湿度在65%~80%,用适量的消毒剂进行熏蒸消毒,其剂量为:未使用的畜禽舍,甲醛14 mL/m³＋高锰酸钾7 g/m³＋热水10 mL/m³;未发疫病的畜禽舍增加1倍剂量;已发病畜禽舍增加2倍剂量。

甲醛和高锰酸钾熏蒸消毒方法及要求:消毒前,先将鸡舍的窗户用塑料布、板条及钉子密封,将舍门用塑料布钉好待封,用电炉将鸡舍温度提高到26℃,同时向舍内地面洒40℃热水至地面全部淋湿为止,将甲醛分别放入几个消毒容器(瓷盆)中,置于鸡舍不同的过道上,配置与消毒容器数量相等的工作人员,依次站在消毒容器旁,准备就绪后,由距离门最远的工作人员开始,一次性向容器内放入定量的高锰酸钾,并迅速撤离,所有工作人员都已撤出后,将舍门关严并封好塑料布,密封3~7 d即可。

熏蒸消毒注意事项:(a)使用酸性、碱性消毒剂或熏蒸消毒时,要注意操作者的安全与卫生防护;(b)将饲养员的工作服、各种用具同时放入舍内进行熏蒸消毒;(c)使用电炉升温畜禽舍和用高压水枪冲洗畜禽舍时,要保证用电安全;(d)畜禽舍升温排掉余烟后,方可使用。

②带鸡消毒。定期把消毒液直接喷洒在鸡体上的一种消毒方法。可杀死或减少舍内空气中的病原体,沉降舍内的尘埃,维持舍内环境的清洁度,还可利于夏季防暑降温。雾滴直径大小为80～100 μm,小型禽场使用一般农用喷雾剂,大型禽场使用专门喷雾装置。雏鸡每2 d进行1次带鸡消毒,中鸡和成鸡每周进行1次带鸡消毒。

(2)猪舍消毒方法　包括以下3种。

①健康猪舍环境消毒:主要是进行预防性消毒,现代化养猪场一般采用每月1次全场彻底消毒,每周1次环境、栏圈消毒。圈舍地面经常清扫,定期用一般性的消毒药喷洒即可。猪舍的消毒包括预防消毒和临时消毒。前者一般每半个月或1个月进行1次,后者应及时彻底。在消毒前,先彻底清理圈舍,若发生人畜共患的传染病,应先用有效药物喷洒后再打扫、清理,以免病原微生物随土飞扬造成更大的污染。清扫时,应把饲槽洗刷干净,将垫草、垃圾、剩料和粪便等清理出去,然后用消毒药喷雾消毒。若发生传染病,则选择对该病原有效的消毒剂。

②感染场环境消毒:在疫情活动期间消毒,是以消灭病猪所散布的病原而进行的消毒。消毒重点是病猪集中点、受病原污染点和传播媒介。消毒应每隔2 d进行1次。疫情结束后要进行终末消毒。对病猪周围的一切物品、猪舍和猪体表进行重点消毒。具体的消毒方法见表6-2。

表6-2　猪场环境、栏圈消毒方法

消毒对象	药物与浓度	消毒方法	药液配置
场(舍)门口	5%氢氧化钠、0.5%过氧乙酸	药液水深20 cm以上,每周更换1次	投入消毒池内混匀
消毒池	5%来苏儿		
环境(疫情静止期)	3%氢氧化钠、10%石灰乳等	喷洒,每周1次,2 h以上	与常水配制
栏圈(疫情活动期)	15%漂白粉、5%氢氧化钠	喷雾,1次/d,2 h以上	与常水配制
土壤、粪便、粪池、垫草及其他污物	20%漂白粉、5%粗制苯酚生物热消毒法	浇淋,喷雾,堆积,泥封,发酵	与常水配制
空气	紫外线照射,甲醛溶液加水1倍	煮沸蒸腾0.5 h	甲醛与等量水配制
车辆	与环境、栏圈消毒法相同		—
饮用水	漂白粉(25%有效氯)、氯胺等	漂白粉6～10 g/m³,3 g/L氯胺,氯2 g/L作用6 h	—
污水	漂白粉(25%有效氯)、氯胺等		
猪舍带猪消毒	3%来苏儿、0.3%农家富	喷雾,不定期	与净水配制
躯体外寄生虫	1%～3%敌百虫等	喷雾,冬季每周1次,连续3次	与净水配制
杀灭老鼠	各种灭鼠剂	在老鼠出入处每月投放1次	以玉米粒为载体
杀灭有害昆虫	95%的敌百虫粉	7.5 L药液喷洒75 m²;设毒蚊缸	15 g药加水7.5 L

③不同污染情况采用的消毒药物：对尚未确定的传染病最好采取广谱性的消毒药物，同时对圈舍等采用全出的饲养管理方式；若不能做到，可采取局部的全进全出，然后清扫、冲洗地面及墙壁，用5％氢氧化钠溶液喷淋，2～3 d后再用清水冲洗。猪的几种主要疫病的消毒方法见表6-3。

表6-3　猪的几种主要疫病的消毒方法

病名	药物及浓度	消毒方法
猪瘟	5％氢氧化钠、5％漂白粉等	喷雾，5～7 d一次
猪流感	3％氢氧化钠、5％漂白粉等	喷雾，5～7 d一次
猪传染性胃肠炎	0.5％过氧乙酸、含氯消毒药等	喷雾，7 d一次
乙型脑炎	5％石炭酸、3％来苏儿等	喷雾，5～7 d一次
伪狂犬病	3％氢氧化钠、生石灰等	喷雾，铺撒，7 d一次
球虫病	5％热火碱、生石灰等	7 d一次
口蹄疫	5％氢氧化钠、4％石炭酸钠	喷雾，3 d一次
蛔虫病	5％热火碱、生石灰等	洗刷，铺撒，10 d一次
大肠杆菌病	2％氢氧化钠、4％甲醛等	喷雾，氢氧化钠→甲醛（间隔10 h）

（3）牛、羊舍的消毒方法　包括牛、羊舍消毒，牛体表消毒和羊体表消毒。

①牛、羊舍消毒：健康的牛、羊舍可使用3％漂白粉溶液、3％～5％硫酸石炭酸合剂热溶液、15％新鲜石灰混悬液、4％氢氧化钠溶液、2％甲醛溶液等消毒。已被病原微生物感染的牛、羊舍，应对其运动场、舍内地面、墙壁等进行全面彻底消毒。消毒时，首先将粪便、垫草、残余饲料、垃圾加以清扫，堆放在指定地点发酵或焚烧（深埋）。对污染的土质地面用10％漂白粉溶液喷洒，掘起表土30 cm，撒上漂白粉，与土混合后将其深埋；对水泥地面、墙壁、门窗、饲槽、用具等用0.5％百毒杀喷淋或浸泡消毒；然后，畜禽舍用3倍浓度的甲醛和高锰酸钾进行熏蒸消毒。对于疑似的病畜要迅速隔离，对于危害较重的传染病应及时封锁，进出人员、车辆等应严格消毒，要在最后1头病畜痊愈后，2周内无新病例出现，经全面大消毒，报上级部门批准后，方可解除封锁，并采取合理治疗等防治措施。

②牛体表消毒：主要针对体外寄生虫侵袭的情况决定。养牛场要在夏季各检查一次虱子等体表寄生虫的侵害情况。对蠕形螨、蜱、虻等消毒与治疗见表6-4。

表6-4　牛体表消毒药剂名称、用量及注意事项

寄生虫	药物名称及用量	注意事项
蠕形螨	14％的碘酊涂擦皮肤，若有感染，采用抗生素治疗	定期用氢氧化钠溶液或石灰乳消毒圈舍　对病牛舍的围墙用喷灯火焰杀螨
蜱	0.5％～1％敌百虫、氰戊菊酯、溴氰菊酯溶液喷洒体表	注意药量，避蜱放牧
虻	敌百虫等杀虫药剂喷洒	—

③羊体表消毒：是对羊体表皮肤、黏膜使用消毒剂的消毒方法，具有防病治病兼顾的作用。体表给药可杀灭羊体表的寄生虫或微生物，有促进黏膜修复的生理功能。常用的方法有药浴、

涂擦、洗眼、点眼、阴道子宫清洗等。

3.人员的消毒管理

①饲养人员应经常保持自身卫生和身体健康,定期进行常见的人畜共患病检疫,同时应根据需要进行免疫接种,若发现患有危害畜禽及人的传染病者,应及时调离,以防传染。

②为保证疫病不由畜禽场工作人员传入场内,家中不得饲养同类畜种,家属也不能在畜禽交易市场或畜禽加工厂内工作。从疫区回来的外出人员要在家隔离1个月方可回场上班。

③饲养人员进出畜禽舍时,应穿专用的工作服、胶靴等,并对其定期消毒。饲养人员除工作需要外,一律不准在不同区域或其他舍之间相互走动。

④任何人不准带饭,更不能将生肉及肉制品食物带入场内。场内职工和食堂不得从市场上购买肉,肉由场内宰杀健康畜禽供给。

⑤所有进入生产区的人员,必须坚持"三踩一更"的消毒制度。即场区门前踏3%的火碱池、更衣室更衣、消毒液洗手,经生产区门前消毒池及各畜禽舍门前消毒盆消毒后,方可入内。条件具备的畜禽场,工作人员先沐浴更衣,再消毒才能入畜禽舍内。

⑥场区禁止参观,严格控制非生产人员进入生产区,若生产和业务需要,经兽医同意、场领导批准后更换工作服、鞋、帽,经消毒室消毒后方可进入。严禁外来车辆入内,若生产和业务需要,车身经过全面消毒后方可入内,场内车辆不得外出和私用。

⑦生产区不准养猫、犬,职工不得将宠物带入场内,不准在兽医治疗室以外的地方解剖尸体。

4.器具的消毒

料槽、水槽及所有饲养用具,要保持清洁卫生,每天洗刷1次。大家畜的饲养用具每隔15 d用高锰酸钾或百毒杀消毒1次,每个季节全面消毒1次。家畜的饲养用具每隔7 d消毒1次,每个月全面消毒1次。各畜禽舍的饲养用具要固定专用,不得随便串用,生产用具每周消毒1次。

5.环境的消毒

畜禽转舍或入新舍前,对畜禽舍周围5 m以内及畜禽舍外墙用0.2%~0.3%过氧乙酸或2%的火碱溶液喷洒消毒;对产区的道路、建筑物等定期消毒;对发生传染病的场区要加大消毒频率和剂量。

6.运输工具的消毒

使用车辆前后,要在指定的地点消毒,运途未发生传染病的车辆进行一般的粪便清除和热水洗刷;发生或有感染一般传染病可能性的车辆还要进一步消毒;发生恶性传染病的车厢、用具的处理程序如下:清除粪便、残渣及污物→热水自车厢顶棚到车厢内外冲洗→有效消毒液喷洒→彻底清除污物→(间隔0.5 h)消毒液喷洒→(间隔3 h左右)用热水冲刷→正常使用。

7.粪便的消毒

畜禽粪便中含有一些病原微生物和寄生虫卵,其常用的消毒方法有掩埋法、焚烧法、化学消毒法等。

(1)掩埋法 将粪便与漂白粉或新鲜的生石灰混合,埋于地下2 m左右。该法易污染地下水,损失大量的肥料,生产中很少采用。

（2）焚烧法　是杀灭病原微生物最有效的方法，但大量焚烧粪便会污染空气，因此，此法只限于患恶性传染病畜禽的粪便。具体的做法是挖1个深75 cm、宽75 cm的坑，在距坑底40～50 cm处加一层铁炉箅子，若粪便潮湿再加些干草，以利于燃烧，点燃时可加些汽油或燃料酒精。

（3）化学消毒法　常用的消毒剂有漂白粉、0.5％～1％过氧乙酸、5％～10％硫酸苯酚合剂、20％石灰乳等。使用时先搅拌均匀，该法操作麻烦且难以达到彻底消毒的目的。

七、灭蝇

蚊蝇是人畜多种传染病的传播媒介，给人畜健康带来极大的危害。

1.搞好畜禽场环境卫生

每天定时清扫、清粪、消毒，及时填平无用的污水池、水沟、洼地等是防蚊蝇的关键，对贮粪池、贮水池加盖并保持四周环境整洁。

2.化学防治

常用的杀虫剂有马拉硫磷、合成拟菊酯和敌敌畏等。

3.物理防治

用光、电、声等对蚊蝇进行捕杀、诱杀或驱逐。如电气灭蝇灯、超声波对蚊蝇都具有良好的防治效果。

4.生物防治

利用天敌杀灭蚊蝇。例如，池塘养鱼可利用鱼类治蚊，达到灭蚊目的。另外，应用细菌制剂杀灭血吸虫的幼虫，效果良好。

八、消灭鼠害

鼠是人畜多种传染病的传播媒介，它还盗食饲料，咬死、咬伤畜禽，污染饲料和饮用水，咬坏物品，破坏建筑物，必须采取措施严加防治。

1.建筑防鼠

将墙基和地面用水泥制作，防止老鼠打洞；墙面光滑平直，防止老鼠攀登；通气孔、地脚窗和排水沟等出口应安装孔径小于1 cm的铁丝网，以防老鼠进入舍内。

2.器械灭鼠

器械灭鼠是利用夹、压、关、卡、扣、翻、粘、淹和电等灭鼠的方法。该法简便易行，对人畜和环境无害，但选择的位置要合适，以免伤及畜禽等。近年来，研制的电子灭鼠器和超声波驱鼠器也属于器械灭鼠。

3.化学灭鼠

灭鼠的化学药品种类很多，可分为灭鼠剂、熏蒸剂、绝育剂等3种类型。常用灭鼠药的性状与毒力见表6-5。

化学灭鼠药具有效率高、使用方便、成本低、见效快的优点，但使用时，应注意防止人中毒。在使用灭鼠剂和绝育剂时，为诱鼠上钩，常制成毒饵。多选用老鼠喜吃的食物饵料，将药剂拌入其中。投毒饵时，要采取措施隔离畜禽，防止误食中毒。熏蒸剂常结合空舍消毒一并灭鼠，也可用于鼠害严重的饲料库。注意应及时清除灭鼠药，以防被畜禽误食而发生二次中毒。

表 6-5　常用灭鼠的性状与毒力

灭鼠剂	性状				毒力		中毒后死亡时间	毒饵常用浓度/%
	形状	颜色	臭味	水溶液	鼠	人畜		
磷化锌	粉末	黑	大蒜味	不溶	毒	弱	1 d 内	1～3
灭鼠宁	粉末	灰白	无	不溶	毒	弱	0.5～1 h	0.5～1
灭鼠安	粉末	淡黄	无	不溶	毒	弱	8 h	1～2
灭鼠优	粉末	淡黄	无	不溶	毒	弱	8～12 h	1～2
安妥	粉末	浅灰	微	不溶	毒	弱	2 d	1～3
UK-786	结晶	白	无	不溶	剧毒	弱	1～4 d	2
RH-908	固体	白	无	不溶	剧毒	较强	—	0.25
灭鼠灵	粉末	白	无	不溶	剧毒	较弱	7 d	0.025～0.05
敌鼠钠	粉末	黄	无	稍溶	剧毒 .	较弱	4～6 d	0.025～0.05
杀鼠醚	粉末	白	无	不溶	剧毒	较弱	4～5 d	0.037 5
大隆	粉末	黄白	无	不溶	剧毒	较弱	6 d 内	0.001～0.005

4.中草药灭鼠

中草药灭鼠可就地取材,其成本低,使用方便,不污染环境,对人畜较安全。但适口性差,鼠不易采食,且有效成分低,灭鼠效果较差。用于灭鼠的中草药主要有狼毒、天南星等。

5.生物灭鼠

生物灭鼠即利用鼠类的天敌灭鼠,畜禽场极少采用此法。

项目小结

本项目讲述了猪舍、牛羊舍的消毒方法;重点讲述了养殖场人员的消毒方法;还阐述了畜禽舍器具、环境、运输工具和粪便的消毒方法;简述了养殖场防治蚊蝇和杀灭鼠害的方法。要求学生熟悉猪舍、牛羊舍的消毒方法;掌握养殖场人员的消毒方法;了解器具、环境、运输工具和粪便的消毒方法以及养殖场防治蚊蝇和杀灭鼠害的方法。

学习思考

1.简述猪场环境、栏圈消毒方法。

2.如何进行养殖场人员的消毒管理?

3.粪便的消毒方法有哪些?

4.如何做好养殖场的灭蝇防鼠工作?

参考文献

[1] 安立龙.家畜环境卫生学[M].北京:高等教育出版社,2004.

[2] 张玲清.畜禽环境控制技术[M].北京:中国农业大学出版社,2015.

[3] 周大薇,邓灶福.动物环境卫生[M].西安:西安交通大学出版社,2014.

[4] 郑翠之,李义.畜禽场设计及畜禽舍环境控制[M].北京:中国农业出版社,2012.

[5] 李如治.家畜环境卫生学.3版.[M].北京:中国农业出版社,2003.

[6] 蔡长霞.畜禽环境卫生[M].北京:中国农业出版社,2006.

[7] 赵旭庭.养殖场环境卫生与控制[M].北京:中国农业出版社,2001.

[8] 常明雪,刘卫东.畜禽环境卫生.2版.[M].北京:中国农业大学出版社,2011.

[9] 冯春霞.家畜环境卫生[M].北京:中国农业出版社,2001.

[10] 杨和平.牛羊生产[M].北京:中国农业出版社,2001.

[11] 黄涛.畜牧机械[M].北京:中国农业出版社,2008.

[12] 李宝林.猪生产[M].北京:中国农业出版社,2001.

[13] 田立亚,于家桎,耿如林.畜禽舍建造与管理7日通[M].北京:中国农业出版社,2004.

[14] 赵化民.畜禽养殖场消毒指南[M].北京:金盾出版社,2004.

[15] 王凯军.畜禽养殖污染防治技术与政策[M].北京:化学工业出版社,2004.

[16] 华南农业大学,香港猪会.规模化猪场用水与废水处理技术[M].北京:中国农业出版社,1999.

全国部分地区建筑朝向表

地区	最佳朝向	适宜朝向	不宜朝向
北京	南偏东 30°以内 南偏西 30°以内	南偏东 45°以内 南偏西 45°以内	北偏西 30°~60°
上海	南至南偏东 15°	南偏东 30° 南偏西 15°	北、西北
石家庄	南偏东 15°	南至南偏东 30°	西
太原	南偏东 15°	南偏东到东	西北
呼和浩特	南至南偏东 南至南偏西	东南、西南	北、西北
哈尔滨	南偏东 15°~20°	南至南偏东 15° 南至南偏西 15°	西、西北、北
长春	南偏东 30° 南偏西 10°	南偏东 45° 南偏西 45°	北、东北、西北
沈阳	南、南偏东 20°	南偏东至东 南偏西至西	东北东至西北西
济南	南、南偏东 10°~15°	南偏东 30°	
南京	南偏东 15°	南偏东 20° 南偏西 10°	西、东
合肥	南偏东 5°~15°	南偏东 15° 南偏西 5°	西
杭州	南偏东 10°~15° 北偏东 6°	南、南偏东 30° 北、西	
福州	南、南偏东 5°~10°	南偏东 20°以内	西
郑州	南偏东 15°	南偏东 25°	西北
武汉	南偏西 15°	南偏东 15°	西、西北
长沙	南偏东 9°左右	南	西、西北
广州	南偏东 15° 南偏西 5°	南偏东 20°30′ 南偏西至西	
南宁	南、南偏西 15°	南、南偏东 10°~25° 南偏西 5°	东、西
西安	南偏东 10°	南、南偏西	西、西北

续附录

地区	最佳朝向	适宜朝向	不宜朝向
银川	南至南偏东 23°	南偏东 34° 南偏西 20°	西、西北
西宁	南至南偏西 23°	南偏东 30°至南偏西 30°	北、西北
乌鲁木齐	南偏西 40° 南偏西 30°	东南、东、西	北、西北
成都	南偏东 45°至南偏西 15°	南偏东 45°至东偏西 30°	西、北
昆明	南偏东 25°～56°	东至南至西	北偏东 35° 北偏西 35°
拉萨	南偏东 10° 南偏西 5°	南偏东 15° 南偏西 10°	西、北
厦门	南偏东 5°～10°	南偏东 20°30′ 南偏西 10°	南偏西 25° 西偏北 30°
重庆	南、南偏东 10°	南偏东 15° 南偏西 5°、北	东、西
青岛	南、南偏东 5°～15°	南偏东 15°至南偏西 15°	西、北